Galileo 科學大圖鑑系列

VISUAL BOOK OF
UNITS & LAWS
單位與定律大圖鑑

人人出版

我們在日常生活中使用了各式各樣的「單位」。

如重量的單位是「公斤」，長度的單位是「公尺」，

時間的單位是「秒」……。

如果沒有單位會發生什麼事呢？

若聽到「請給我 1 的鹽」，我們並不知道是指 1 公斤還是 1 公克。

因此，藉由使用單位，

就能正確表達物體的數量，並且讓他人理解。

18世紀時，出現了「制定全世界共通單位」的潮流。

在此之前，各個國家與地區都使用不同的單位。

例如想表達大約 3 公分的長度時，

在歐洲會說「1 英寸」，

於日本則是「1 寸」。

於是在1954年，

制訂了全球通用的「國際單位制」。

但是在我們的日常生活當中，

依然保留了各個地區與國家過去使用的單位。

例如表示高爾夫球擊球距離的「碼」，

或是計算吐司數量的「斤」（日本斤）。

本書除了介紹表示質量、面積、速度等各種單位之外，

也會一併解說其歷史，並刊出換算成國際單位制的值。

另外，也會介紹決定單位時會用到的物理定律。

發生在我們周圍的各種現象都依循著物理定律運作，

無論是沉重的飛機為什麼能夠飛上天，還是通過導線中的電流量，

都各自遵守一定的物理定律。

關於這些物理定律，本書也會以簡單易懂的圖解介紹。

從平常使用的單位到宇宙的定律，

歡迎讀者進入有趣的單位與定律世界！

VISUAL BOOK OF UNITS & LAWS 單位與定律大圖鑑

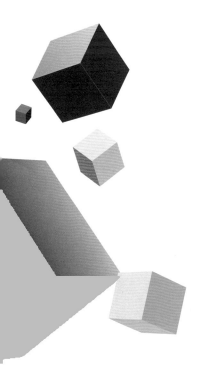

0

單位是什麼

What is a unit?

生活中充滿了許多「單位」

我們周遭有各式各樣的「單位」，例如重量的單位：公斤、液體的單位：公升、時間的單位：分與秒等。

如果沒有單位，生活會變成什麼樣子呢？舉例來說，當聽到「這根棒子的長度是1」時，能想像出棒子的長度嗎？

棒子的長度可能是1「公尺」，也可能是1「公分」。雖然「1」是明確的數字，卻無法完整表現長度。當1附上「單位」時，才能成為意義明確的量。

本書將介紹重量、長度、溫度等「單位」的制定方式，以及各國使用的不同單位等資訊。除此之外，也會介紹用來制定單位的「定律」。

長度
（公尺）

重量
（公克）

如果沒有單位會如何？

本頁呈現了我們生活當中會用到的單位（使用生活常見的稱呼）。如果沒有「單位」，將無法表達時間與溫度，甚至連亮度等也只能靠感覺理解。

時間
（時、分、秒）

亮度
（勒克斯）

液體的量
（公升）

電量
（瓦特）（安培）（伏特）等

溫度
（度）

面積
（平方公尺）

一顆冰塊能用不同的
單位形容

單位的種類繁多。舉例來說，一顆冰塊
能以重量、體積、表面積、溫度等單
位形容。也就是說，單位會隨著測量的性質
而改變。

此外，單位本身還能再加以細分。

例如日本貨幣的最小單位是1日圓（或是稱
為1錢）。這種可以計算，而且具有無法分割
的最小數量稱之為「離散量」（discrete
quantity）；至於沒有最小單位的數量則稱為
「連續量」（continuous quantity）。

連續量當中，能夠相加的稱為「外延量」
（extensive quantity），不能相加的則稱為
「內涵量」（intensive quantity）。舉例來
說，將右圖的兩個冰塊結合後，雖然重量
（外延量）變成2倍，但密度（內涵量）卻不
會變成2倍。

數量可以分成「能相加的量」與「不能相加的量」

離散量

貨幣與個數等具有無法分割的最小單位
數量

連續量
沒有最小單位的數量

外延量 ── 能夠相加的數量

長度、重量、時間等

內涵量 ── 無法相加的數量

圓周率、速度、密度等

單位會隨測量性質不同而改變

一顆冰塊可用多種單位來形容，例如重量、表面積等。

重量	體積	表面積	溫度

  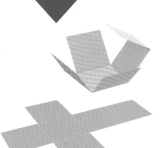

單位的歷史①

從「計數」到「測量」

「單」位」是測量用的標準，而「測量」是指使用單位「計數」後的數量。

若回顧計數的歷史，在石器時代的遺跡中可以發現，最早採用刻劃線條來表示數量。後續如同發明文字，人類開始懂得使用「數字」表達。

雖然牛與馬等牲畜能夠以1頭、2頭……計數，但穀物若也以1粒、1粒計數，則會變得非常麻煩，因此人們開始使用重量或容積等進行測量。

測量用的工具稱為「度量衡器」，也就是升、尺、秤等。隨著文明不斷發展進步，測量工具也陸續問世。「天秤」（下圖）從西元前就開始使用了，根據記載，出現在西元前3000年左右的古埃及壁畫中。

測量用的工具

右圖所繪為「天秤」。在左右其中一邊的秤盤放上作為標準的砝碼，另一邊則擺放想要測量的東西。這種將測量對象換算成標準物的測量方法稱為「替換法」（substitution method）；使用尺規等以連續刻度測量的方法則稱為「偏移法」（deflection method）。

古代文明中「零」的符號與數字

下圖是現代的數字與古埃及和希臘等文明使用的數字。將現在所使用的阿拉伯數字用來計算的記數法，起源自印度。現在將其稱為阿拉伯數字，是因為誕生於印度且包含0（零）的記數法，主要藉由使用阿拉伯語的伊斯蘭文化普及到全歐洲。

現代的數字 （阿拉伯數字）	埃及的數字	希臘的數字	美索不達米亞的數字 （60進位法）	馬雅的數字 （20進位法）

寫於西元前後的天文紙草本採用60進位法記載。

專欄
COLUMN

度量衡

度 ＝ 長 度

量 ＝ 容 量

衡 ＝ 質 量

度量衡是長度、面積、體積、質量等的單位與標準，也是針對計量器制定的習慣或制度。臺灣的國家度量衡標準實驗室(NML)在1995年5月向國際度量衡局購得編號78的鉑銥千克原器(質量1kg＋8μg，不確定度4μg)，成為質量國家標準。而據說秦始皇是最早統一全國度量衡的人，他將升與砝碼等度量衡器，發配到全國。

使用人的身體測量

在標準度量衡器具尚未問世的年代，古埃及等文明使用人類身體作為制定長度的標準。

例如「肘距」（cubit）是指法老王「從手肘到中指尖端的長度」，據說每換一位法老王就要重新測量。手掌張開後，拇指到小指的寬度是「拃」（span），長度大約為肘距的一半。而拇指以外的手指寬度則稱為「掌寬」（palm）。

掌寬的 $\frac{1}{4}$ 是「指幅」（digit），代表 1 根手指的寬度。而「指幅」一詞也是電腦專有名詞「數位」（digital）的語源。

拇指的寬度稱為「吋」（inch，第32頁），這個字在今天成為「英寸」。在購買牛仔褲等衣物時應該都有使用過這個單位吧？而表示腳寬的「呎」（foot）及其複數形「feet」，也同樣成為今日的英制單位，依現代規定，1 英尺約等於30.48公分。

這些單位也用來建造金字塔，後來在歐洲使用到19世紀左右。

軍隊的步幅：兩步約相當於 1 步距
古希臘羅馬時代士兵走兩步的長度稱為 1 步距（passus）約160公分。1 英里（mile，約1.6公里）的語源是「千步」的意思。

以身體為標準的單位

手與腳的長度成為標準

從手肘到中指的長度是「肘距」，2倍則是「雙肘距」。據說後來依此發展出「碼」（yard）。

拃

掌寬

指幅

吋

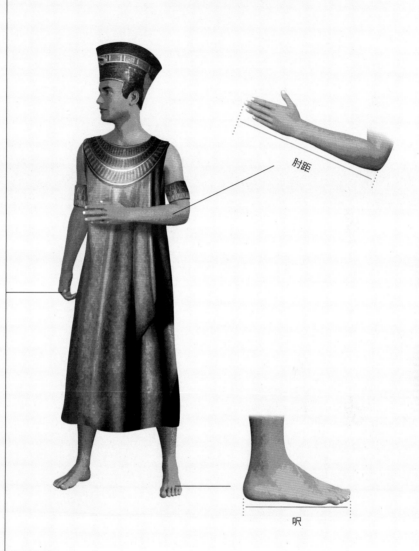

肘距

呎

3粒麥＝1英寸

據說英國將「3粒麥」的長度訂定為1英寸（thumb）。西元5世紀左右，英國曾使用過「大麥粒」（barleycorn）的單位，代表一粒大麥的長度（約8.47mm）。而據說「3大麥粒」相當於拇指的寬度，長度為1英寸（25.4mm）。「thumb」也曾在英國作為拇指寬度的單位。

單位的歷史③

制定世界共通的標準

過去曾有很長一段時間，各個國家與地區使用不同的單位。光是長度就有公尺、碼、呎等。如果有個全世界通用且任何人都能理解的單位，肯定會更加方便。

於是法國在18世紀發起了制訂世界共通單位的運動，並在多年的努力下誕生了「公制」（metric system）的單位制（第18頁）。而在制定單位制的同時，也製造了作為具體標準的「原器」。右圖是作為公斤標準的「國際

公斤原器」複製品。

公斤原器長久以來都是1公斤的標準，但在2019年5月20日修改其定義，從使用人造物的質量，改用物理常數「普朗克常數」（Planck constant，第44頁），因此不再需要人造標準器了。

	世界發生的事	日本發生的事
2000 年代	2019年：睽違130年修改了公斤的定義，將7個基本單位都改為使用常數定義。	2004 年：最新修訂
1900 年代		1993年：計量法全面改定（制定現行計量法）。
		1991年：JIS（日本工業規格）完全以SI（國際單位制）為準。
		1974年：引進國際單位制（SI），緩衝期過後，各單位逐漸改為國際單位制。
	1971年：「國際單位制」（SI）加入了物質量的基本單位（mol），現在的7個基本單位就此到齊。	
	1960年：國際度量衡總會將1954年通過的單位制命名為「國際單位制」。	
		1959年：單位統一為公制法（計量法改訂）。
	1954年：國際度量衡總會通過在「MKSA單位制」中加入溫度的單位（K）與亮度的單位（cd）。	1951年：制定「計量法」。
		1949年：制定JIS（日本工業規格）
	1946年：國際度量衡委員會通過「MKSA單位制」。	
		1921年：公布「公制」。
		1909年：英制單位也正式獲得承認。
1800 年代		1891年：制定「度量衡法」。
	1889年：召開第一屆國際度量衡委員會，國際原器成為公尺與公斤的標準。	
		1885年：加入「公制公約」。
	1875年：7個國家在法國簽訂「公制公約」。	
	1874年：英國科學促進協會引進「CGS單位制」。	
1700 年代	1799年：巴黎的國立公文圖書館收藏「公尺原器」與「公斤原器」兩種標準原器。	
	1795年：法國制定「公制」。	

國際公斤原器

圖為「國際公斤原器」的複製品。國際公斤原器直到2019年都是 1 公斤的標準。玻璃罩中心是鉑銥合金製成的圓柱形金屬，其質量被定義為 1 公斤。

單位制的歷史

日本長久以來都使用尺貫制，但於1921年4月11日公布「公制」，並將該日訂為「公制紀念日」。後來計量法在1993年11月1日修訂，該日同樣也被定為「計量紀念日」。

單位的歷史④
制定7個國際單位

「單位制」指彼此能換算成各種量的所有單位。舉例來說，使用「公尺」（m）作為長度單位，面積的單位就是「平方公尺」（m²），體積的單位則為「立方公尺」（m³），具有一貫性。單位制包含以公尺作為長度基本單位，公斤作為質量基本單位的

國際單位制（SI）

圖解中呈現的是2019年5月開始使用的國際單位制（SI）定義。中央的標誌是國際度量衡局的SI標誌。

亮　度	名稱	單位符號
	燭光	cd

1燭光的定義是放出頻率540兆赫的光（電磁波），而且規定方向的放射強度為683分之1Wsr⁻¹（瓦特每球面度）的光源在該方向的亮度。（第115頁）

物質量	名稱	單位符號
	莫耳	mol

首先將亞佛加厥常數N_A定為6.02214076×10²³mol⁻¹，再依此定義為1莫耳。（第57頁）

熱力學溫度	名稱	單位符號
	克耳文	K

首先將波茲曼常數k定為1.380649×10⁻²³JK⁻¹（焦耳每克耳文），再依此根據物理定律定義為1克耳文。（第87頁）

「公制」；以及用公分作為長度基本單位、公克作為質量基本單位、秒作為時間基本單位的「CGS單位制」，以及「英制」等各種不同的系統。

不過，多種不同的單位制依舊不方便，於是國際度量衡總會決議整合多種單位制，在1954年制定了世界共通的單位——「國際單位制」（SI）。長度（公尺）、質量（公斤）、時間（秒）、電流（安培）、熱力學溫度（克耳文）、亮度（燭光）、物質量（莫耳）等7種單位，被稱為「SI基本單位」。SI是法語「Système International d'Unité」的字首。

為了讓單位制變得更簡潔，大約每4年會召開1次國際度量衡總會。

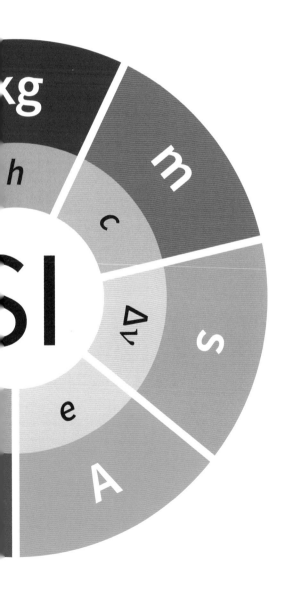

質　量	名稱	單位符號
	公斤	Kg

首先將普朗克常數 h 定為 $6.62607015 \times 10^{-34}$ Js（焦耳·秒），再依此根據物理定律定義為1公斤。　　　　　　　（第45頁）

長　度	名稱	單位符號
	公尺	m

1公尺的定義是光在2億9979萬2458分之1秒間，於真空中前進的距離。　　　　　　　　　　　　　　　（第27頁）

時　間	名稱	單位符號
	秒	s

1秒的定義是銫133原子吸收的特定光線（電磁波）振動91億9263萬1770次的時間。　　　　　　　　　　　（第73頁）

電　流	名稱	單位符號
	安培	A

首先將基本電荷 e 定為 $1.602176634 \times 10^{-19}$ C（庫侖），再依此定義為1安培。　　　　　　　　　　　　　（第93頁）

基本單位組合而成的 「導出單位」與「詞頭」

「導出單位」是將國際單位制的7種基本單位組合起來，表現出的各式各樣單位。

舉例來說，「速度」是

速度＝移動距離÷所費時間

移動距離是由長度呈現的量，所以基本單位是公尺，時間的基本單位則是秒。根據此公式，速度的單位能以下列方式呈現：

$\dfrac{公尺}{秒}$ （符號為m/s（公尺每秒））

不過並非所有單位都能以基本單位呈現。

有些導出單位也具備固有的符號與名稱。舉例來說，速度當中的「節」（knot），是由長度單位「海里」（1852公尺）除以1小時所得到的固有單位（第39頁）。

此外，有些單位如果只以基本單位呈現，會變得又長又複雜，若使用固有單位符號，便能簡潔呈現。以作功量為例，其單位是

$m^2 kgs^{-2}$

但這個單位能夠以單位符號「J」（焦耳，第91頁）呈現。

此外，如果使用表示標準單位十進位倍量（分量）的「詞頭」，即使位數大的單位也能簡單表示（右表）。

SI詞頭

「SI詞頭」是表達SI單位十進位倍量（分量）單位的符號（右表）。10的乘冪詞頭共有20個。

如果要表達「0.000000001m（10^{-9}m）」，能以「m」加上詞頭「n（奈）」以「1nm」呈現。加上詞頭的單位也可以像「nm^2」或「cm^{-1}」一樣，加上正負指數的乘冪。

1000m

⬇

1km

⬆ ⬆
詞頭 基本單位
千 公尺

導出單位

基本單位		基本單位		導出單位
長度 (m)	÷	時間 (s)	=	速度 (m/s)

將基本單位「長度」除以「時間」，就會得到「速度」的單位。將基本單位組合在一起，就能呈現各式各樣的單位。

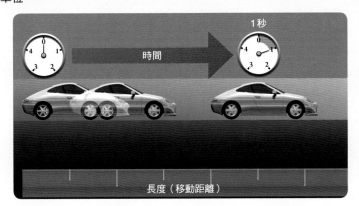

乘數	名稱	符號	中文名	數
10^{24}	yotta	Y	佑	1 000 000 000 000 000 000 000 000
10^{21}	zetta	Z	皆	1 000 000 000 000 000 000 000
10^{18}	exa	E	艾	1 000 000 000 000 000 000
10^{15}	peta	P	千兆	1 000 000 000 000 000
10^{12}	tera	T	兆	1 000 000 000 000
10^{9}	giga	G	十億	1 000 000 000
10^{6}	mega	M	百萬	1 000 000
10^{3}	kilo	k	千	1 000
10^{2}	hector	h	百	100
10^{1}	deca	da	十	10
10^{-1}	deci	d	分	0.1
10^{-2}	centi	c	厘	0.01
10^{-3}	milli	m	毫	0.001
10^{-6}	micro	μ	微	0.000 001
10^{-9}	nano	n	奈	0.000 000 001
10^{-12}	pico	p	皮	0.000 000 000 001
10^{-15}	femto	f	飛	0.000 000 000 000 001
10^{-18}	atto	a	阿	0.000 000 000 000 000 001
10^{-21}	zepto	z	介	0.000 000 000 000 000 000 001
10^{-24}	yocto	y	攸	0.000 000 000 000 000 000 000 001

COLUMN

介紹日本表達數量的「量詞」

量詞是指 1「次」、1「杯」等表達數量字彙的字尾。中文在計數時會使用許多與單位不同的量詞，因此很少有詞彙只使用在特定的物品。例如，魚本身的單位是「隻」；但分切成生魚片時，會稱為「塊」；分切成一口大小時會說是「片」；如果製成柴魚後則使用「條」。由此可見，計數方式會隨著型態改變。

日本的特殊量詞 —— 魷魚用「杯」，蝴蝶用「頭」，兔子用「羽」

日文當然也有量詞。日本的魷魚經常用「杯」作為單位，其由來眾說紛紜，有一說認為「杯」這個字中的「不」代表「膨脹」的意思[※]；也有一說認為可將魷魚的身體看成器皿的樣子，因此才用杯來計數。不過，雖然作為食材販賣的魷魚使用「杯」，在海裡游動的魷魚仍是以「隻」作為量詞。

而蝴蝶比較特殊，以「頭」為單位。其由來也沒有定論，最有力的說法是直接使用英語中計算家畜的「head」（頭）。此外，製作標本時，頭部是最為重要且大家較熟知的說法。兔子的單位則為「羽」，有一說認為是因為過去日本受到佛教影響，避免食用四隻腳動物的肉，因此讓兔子跟鳥一樣，都使用「羽」，所以吃了也無所謂。

只有在計算特定物品才會使用的量詞

日本五斗櫃的量詞是「棹」，據說是江戶時代的五斗櫃具有能透過「棹」運送的構造。除此之外，日本還有許多只用來數特定物品的量詞，例如紅茶杯盤組用「客」、椅子用「腳」等。

※據說「不」用來表現花朵膨脹的子房。

量詞隨著型態改變

隻

使用固有的量詞

五斗櫃

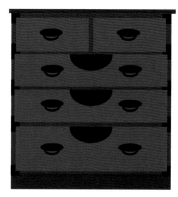

1棹

杯盤組

1客

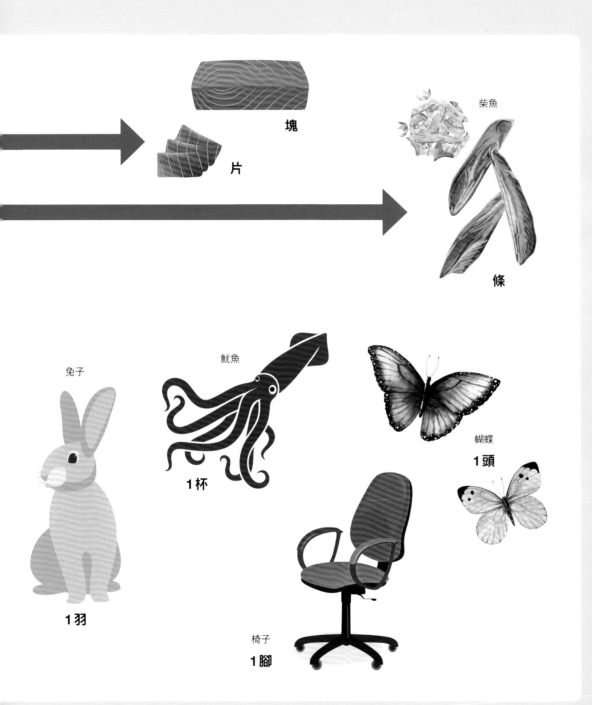

塊

片

柴魚

條

兔子

1羽

魷魚

1杯

蝴蝶

1頭

椅子
1腳

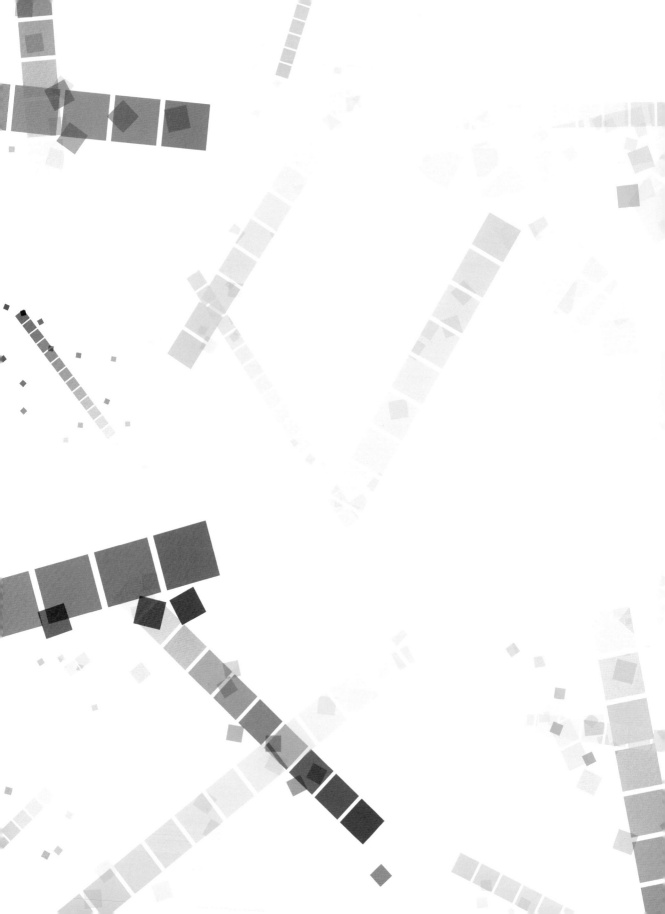

1

長度與距離的單位

Units of length and distance

光在2億9979萬2458分之1秒間前進的距離為「1公尺」

1790年代，當全世界展開統一單位的行動時，「公尺」（m）也開始被當成長度的單位使用。當時的標準是利用地球子午線（經線）的長度。1公尺被定義為子午線（經線）從北極到赤道長度的1000萬分之1。

1889年，鉑銥合金製成的「國際公尺原器」成為公認的長度標準，其複製品被分配到各國。但由於公尺原器會受熱膨脹，長度也會隨著時間而改變。除此之外，刻度線有寬度，因此從左端、中央、右端的位置測量到的數值都會不同，代表這個標準的正確性具有極限。

於是科學家認為，長度的標準不應該取決於地球或原器等「物品」，而是應該根據「自然現象」來決定。因此，在1983年的第17屆國際度量衡總會上，決定使用「光速」作為長度的標準。

光速不會受到光的波長、光源的運動與光的前進方向影響，具有即使經過長時間也不會改變的性質。於是1公尺被定義為「光在299792458分之1秒※間，在真空中前進的距離」，現在也仍持續使用此定義。

※秒由銫原子的頻率定義。

約23.5個地球

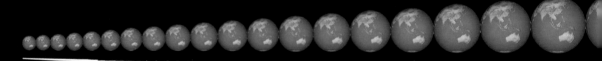

1秒

光速c = 299,792,458m/s

以固定的「光速」為基準

根據雷射光與原子鐘等測量結果，得到真空中的光速為秒速2億9979萬2458公尺。換句話說，光在1秒間可以前進2億9979萬2458公尺（約相當於23.5個地球的距離），1公尺就是利用這個值而定義出來的。在此之前都是根據定義好的1公尺長度測量光速，但現在則是先定義光速，再根據這個值訂出1公尺。

最初根據地球的大小決定

最初將「子午線（經線）從北極到赤道長度的1000萬分之1」制定為1公尺。當時測量子午線相當困難，因此只測量過一次，並根據這次測量的結果製造白金製的公尺原器（mètre des archives）。國際公尺原器也製成與該原器相同的長度。

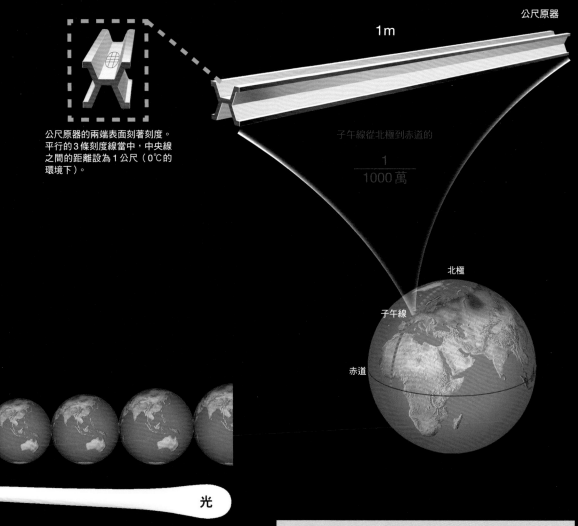

公尺原器

1m

公尺原器的兩端表面刻著刻度。
平行的3條刻度線當中，中央線
之間的距離設為1公尺（0℃的
環境下）。

子午線從北極到赤道的

$$\frac{1}{1000\ 萬}$$

北極

子午線

赤道

光

光在真空中1秒間前進距離的

$$\frac{1}{299\ 792\ 458}$$

公尺
[m]

光在299792458分之1秒間在真空中
前進的距離。

「公尺」的 $\frac{1}{100}$ 是「公分」 $\frac{1}{1000}$ 是「毫米」

為　了方便記憶，長度的口訣可記成「里引丈尺寸分毫米」，而其中長度的標準是「公尺」（m）。無論更大或更小的單位都是以公尺為基準，再加上第20頁介紹的詞頭表示。

具體以右圖為例，將 $\frac{1}{100}$ 公尺加上「c（centi）」，以1公分（cm）表示；將 $\frac{1}{1000}$ 公尺加上「m（milli）」，以1毫米（mm）表示。

若是比毫米更小的單位，據說肉眼能夠辨識的極限約為80微米（μm），相當於頭髮的寬度。而像大小為200奈米（nm）的「噬菌體」（bacteriophage），肉眼就看不見了。

此外，雖然本頁沒有標出，我們平時使用的長度還有1公里（km），如第21頁的表格所示，是1公尺的千倍。

1公尺 [m]	1m = 100cm

1億日圓份的1萬日圓紙鈔
1張1萬日圓紙鈔的厚度約為0.1毫米。1公分厚的紙鈔約為100萬日圓，因此1億日圓紙鈔的高度約為1公尺。

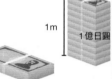

1公分 [cm]	1cm = 10mm

小鋼珠的直徑為1.1公分
根據日本法律規定，小鋼珠的直徑為1.1公分（11毫米）。

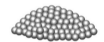

1毫米 [mm]	1mm = 1000μm

水蚤的體長約為1.5～2毫米
水蚤屬於淡水性甲殼類，體長約1.5～2毫米，肉眼勉強可見。

1微米 [μm]	1μm = 1000nm

頭髮的粗細約為80微米
據說日本女性的頭髮粗細平均約為80微米，相當於0.08毫米。

以公尺為基準的單位

公分（又稱為厘米）或毫米如21頁的表格所示，是加上c或m等詞頭的單位。圖示中雖然只顯示到奈米，但1奈米就是1000皮米（picometre）。

1奈米 [nm]	1nm=1000pm

噬菌體約200奈米
噬菌體是一種大小約為200奈米的細菌。

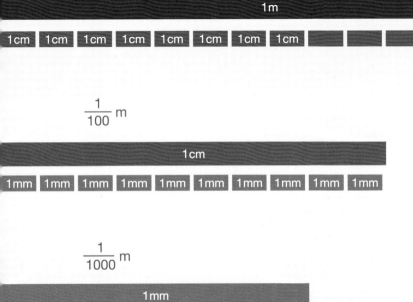

$$\frac{1}{100}\ m$$

$$\frac{1}{1000}\ m$$

$$\frac{1}{100\text{萬}}\ m$$

1nm   1nm   1nm   1nm

$$\frac{1}{10\text{億}}\ m$$

公分，毫米
[cm]　[mm]

1公分為100分之1公尺，1毫米為1000
分之1公尺。

1碼約是腳掌長度的3倍

「**碼**」屬於英國及美國使用的「英制單位」。長度的單位使用碼，重量的單位則使用磅（第50頁）。

英語系國家長久以來繼承自羅馬時代使用的呎（foot）※等單位，成為現在的英尺。雖然眾說紛紜，但據說「碼」源自於腳掌長度（呎）的3倍，或是從手肘到中指間長度（肘距）的2倍。

但無論是呎或肘距，長度都會隨著時代與地區而改變。於是英語系國家在1959年公制成立時，根據協議將1碼定為91.44公分。但另一方面，因為當時沒有禁止使用慣用單位，所以單位並未轉換成公制，英美等國至今依然使用「碼」。

此外，在運動領域中也持續使用此單位。舉例來說，高爾夫球使用碼代表擊球距離，足球的球場尺寸以碼來標示；棒球場的長度距離也以英尺（ft）為基準。

※單數形是「foot」，複數形變成「feet」。

英制的長度單位

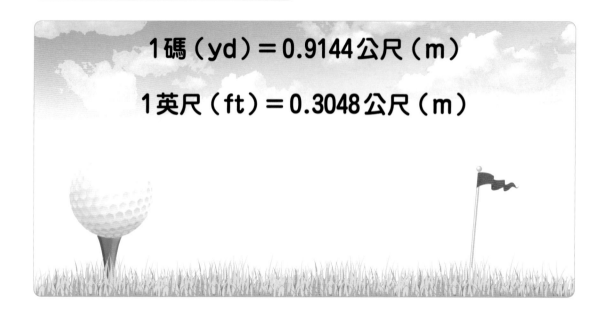

1碼（yd）＝0.9144公尺（m）

1英尺（ft）＝0.3048公尺（m）

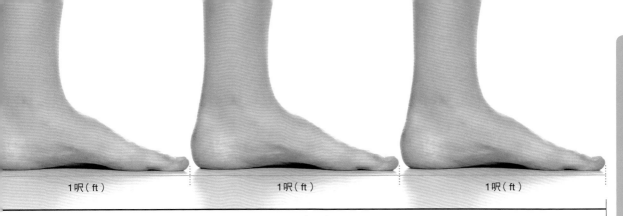

1 呎（ft）　　　1 呎（ft）　　　1 呎（ft）

1 碼（yd）

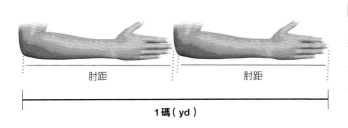

肘距　　　　　　肘距

1 碼（yd）

根據身體尺寸決定

據說「碼」是根據14頁中以身體尺寸為基準制定的呎與肘距決定。後來將 1 呎定為30.48公分，成為現在的英尺。肘距的長度隨著時代與地區而異，範圍約為45.72～53公分以上。

主要使用碼的國家

美國與英國

美國與英國至今依然使用碼與磅作為單位。英國在1824年修改其定義，並稱之為英制單位（imperial system）。不過，美國使用的美制單位（United States customary system，USCS）中，英寸與碼等的定義與英制單位相同，但有些單位，例如噸（第46頁）與加侖（第48頁）等，數值則與英制單位不同。

英國

美國

碼，英尺
[yd]　　[ft]

1英尺的定義是30.48公分。1碼 = 3英尺，就是91.44公分。

使用於輪胎直徑的「英寸」

26英寸

英 制單位的「英寸」為$\frac{1}{12}$英尺。「inch」源自於「ynce」，代表「$\frac{1}{12}$」。

現在1英寸的定義為2.54公分，不只使用於英語系國家，也使用於臺灣、日本等地，例如自行車或汽車的輪胎尺寸常以英寸表示。此外，衣服的尺寸等，雖然近期常看到以公分表示，但仍多以英寸表示。

電視、電腦螢幕的尺寸，還有行李箱的大小也都以英寸表示。這裡的尺寸不是指長寬，而是其對角線的長度。

英制的長度單位

下表顯示英制的長度單位。在英制的單位系統中，加上時間單位秒稱為「FPS單位制」（FPS是呎（foot）、磅（pound）、秒（second）的字首）。

1.6093km	1英里（mi）	8浪（fur）
201.17m	1浪（fur）	10鏈（ch）
20.117m	1鏈（ch）	22碼（yd）
91.44cm	1碼（yd）	3英尺（ft）
30.48cm	1英尺（ft）	12英寸（in）
2.54cm	1英寸（in）	

自行車也使用英寸表示

自行車的輪胎尺寸以英寸表示，是指「充氣後輪胎的外徑（直徑）尺寸」。汽車與機車測量的地方不一樣。

24英寸（in）≒60.96cm

牛仔褲的腰圍尺寸以英寸表示。舉例來說，假設一名女性的腰圍是66公分，66公分÷2.54公分＝25.9英寸，因此她可以選擇26英寸的牛仔褲。

66cm÷2.54cm ＝ 25.9英寸（in）

2.54cm×26 ＝ 66.04cm

電腦與電視螢幕的尺寸以對角線長度表示。舉例來說，26英寸的電視，對角線長度為66.04公分。

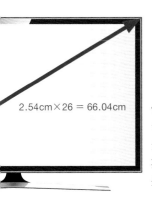

英寸
[in]

1英寸為2.54公分。

「一寸法師」的
身高約３公分

本民間故事中的「一寸法師」身高大約３公分。「寸」是日本自古以來所使用「尺貫法」單位系統中的單位。該系統的長度單位為尺與寸，質量單位則使用「貫」（第54頁）等。

據說「寸」代表拇指的寬度，大約相當於現在的３公分；尺是源自中國的單位，是寸的10倍，大約8世紀隨著建築技術傳入日本。

跟現在公制使用的寸（10公分)不同，請注意別搞混了。

日本有種稱為足袋的分趾襪，在正式場合會搭配和服穿上，現在也有較多流行設計款，可以搭配日常穿搭。測量足袋這類腳掌尺寸所使用的單位即是「文」。而江戶時代通行的貨幣 —— 寬永通寶１文錢的直徑約2.4公分。現代尺寸24公分的鞋子則相當於10文。

尺、寸

曲尺是木工使用的金屬製測量工具，彎曲成直角的形狀。基本上長邊的長度為1尺，短邊為5寸。

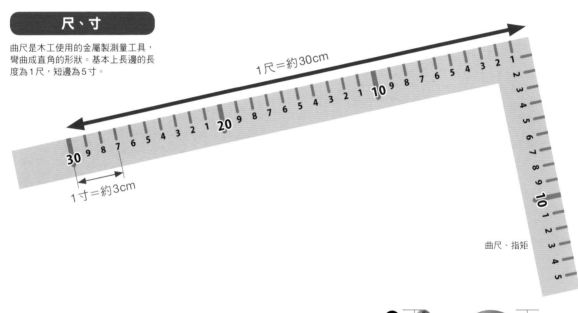

1尺＝約30cm

1寸＝約3cm

曲尺、指矩

分

1寸的1/10為1分。日本俗諺「一寸蟲也有五分魂」，意思為「即使是3公分的蟲子，也有相應（大約相當於一半）的靈魂」，比喻即使弱小也不能隨意欺侮。

1分＝約3毫米

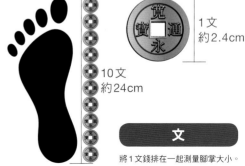

10文
約24cm

1文
約2.4cm

文

將1文錢排在一起測量腳掌大小。

一寸是拇指的寬度

據說 1 寸是以拇指寬度為基準，約相當於現在的 3 公分。
日本傳統故事中描述一寸法師乘著小碗順流而下，但身高
只有 3 公分的他想必很辛苦吧！

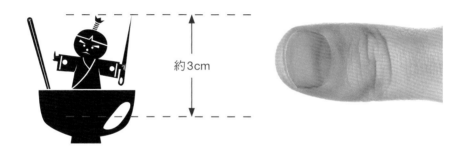

約3cm

尺，寸，分，文

1尺約30公分，1寸約3公分，1分約3
毫米，1文約2.4公分。

1里約4公里，
1町約109公尺

日本在過去使用「里」表示長度距離的單位。主要街道旁每隔1里會設置「一里塚」，作為旅人步行時的參考。當時的1里約相當於4公里。

表示更短距離的單位是「町」（丁），1町大約是109公尺，而1町又等於60間。

1間是柱與柱之間的長度，大約相當於182公分（1.81818公尺）＝6尺，1尺約30公分。

1間的一半稱為「半間」，長度大約3尺（約91公分）。雖然過去各地1間的長度都不同，但是當豐臣秀吉實施「太閣檢地」時，將其規定為「6尺3寸」，到了明治時期後則規定為「6尺」。

寸、尺、丈雖然採用十進位法，但1町等於60間，也混和了60進位法。

顯示較長距離的單位

1里的距離在平面與山路不同，根據明治時代的規定，1里＝約4公里。

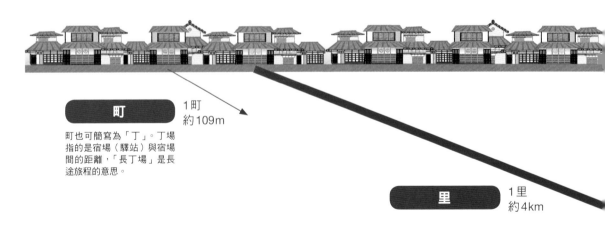

町

1町
約109m

町也可簡寫為「丁」。丁場指的是宿場（驛站）與宿場間的距離，「長丁場」是長途旅程的意思。

里

1里
約4km

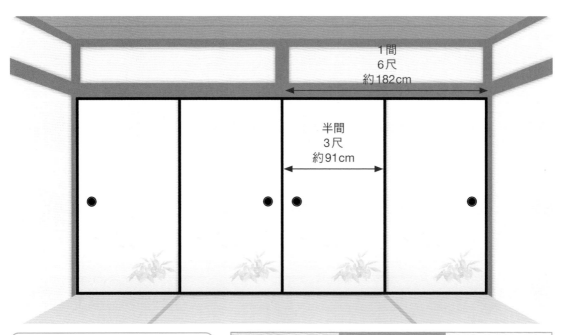

1間
6尺
約182cm

半間
3尺
約91cm

「1間是柱與柱之間的長度」

「間」原本是中國使用的單位。日本民宅使用的單位除了間，還有「疊」與「坪」（第68頁）。

約4km	里	36町
約109m	町	60間
約1.82m	間	6尺

約3m	丈	10尺
約30cm	尺	10寸
約3cm	寸	10分
約3mm	分	

里，町，間

1里約4公里，1町約109公尺，1間約182公分。

海上的1里「海里」
相當於地球緯度的1分

　　海領域使用「里」（mile）作為距離的單位。里又分成在陸地上使用的里（國際里），以及海上使用的里。為了區分兩者，海上使用的里稱為「國際海里」（nautical mile或sea mile），符號為M或nm。

　　陸地與海的里也具有不同的長度。陸地上的1里為1609.344公尺，海上的1里（海里）則為1852公尺。

　　海里的長度原本隨著國家與地方而異，不過1929年的臨時國際水路會議中，將1海里＝1852公尺定義為「國際海里」。國際海里的1海里是指地球緯度1分在地表上的長度。緯度是顯示地球上南北位置的座標，赤道的緯度定義為0度，北極點定義為北緯90度，1分為1度的$\frac{1}{60}$。

海上的里
1里（mile）＝1852公尺（m）

陸地上的里
1國際里（mile）＝1609.344公尺（m）

1海里為1852公尺

1海里的定義相當於緯度1分。地球的周長約40000公里，1分相當於1度的$\frac{1}{60}$，大約是1852公尺。

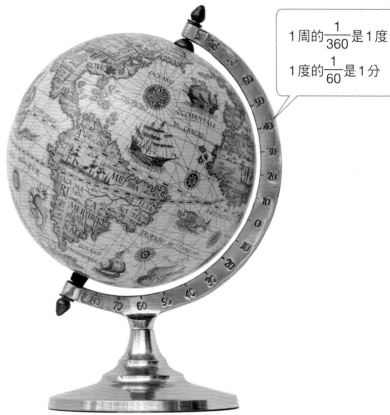

> 1周的$\frac{1}{360}$是1度
>
> 1度的$\frac{1}{60}$是1分

1海里
40000km[地球的周長]÷360[度]÷60[分]＝1852m

使用海里的單位 ——「節」

1小時前進1海里的速度稱為「1節」，符號是「kt」或「kn」。節（knot）的語源來自使用船尾拖著的繩結（knot）數量測量船速。節用來表示船隻、航空、潮流、風速等速度。

海里
[nm]

1海里為1852公尺。

表示宇宙距離的
三種單位

表 示宇宙距離的單位包含「天文單位」（au）、「光年」、「秒差距」（pc）三種。

天文單位是以太陽與地球的距離為基準。根據2012年國際天文聯合會的定義，1天文單位等於1億4959萬7870.7公里。

光年是指光在真空的宇宙中行進1年的距離單位。1光年等於9兆4607億3047萬2580.8公里。

1秒差距的定義，則是指恆星視差（某個時間點觀測的天體在半年後位移角度一半的量）為1秒角時，與太陽之間的距離大約相當於30兆8568億公里。

天文單位用於顯示太陽系天體之間的距離，以及比較其他行星系的距離；光年與秒差距則主要用於顯示太陽系外的天體距離。

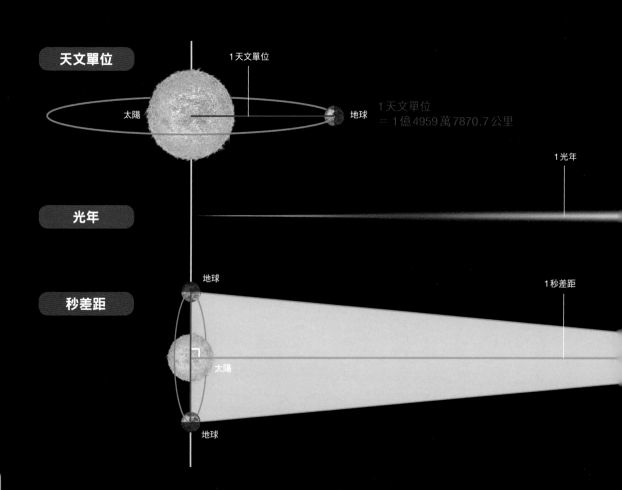

天文單位

1天文單位

太陽　　　　　　　　　　地球

1天文單位
＝1億4959萬7870.7公里

1光年

光年

秒差距

地球

1秒差距

太陽

地球

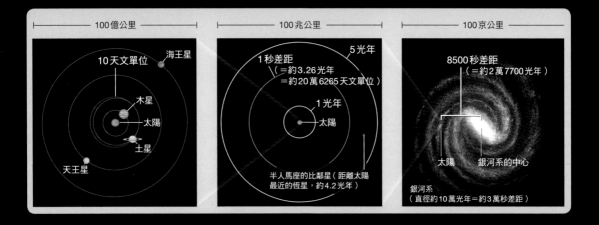

| 100億公里 | 100兆公里 | 100京公里 |

10天文單位　海王星
木星
太陽
土星
天王星

1秒差距
（＝約3.26光年
＝約20萬6265天文單位）
5光年
1光年
太陽
半人馬座的比鄰星（距離太陽
最近的恆星，約4.2光年）

8500秒差距
（＝約2萬7700光年）
太陽　銀河系的中心
銀河系
（直徑約10萬光年＝約3萬秒差距）

使用單位表示宇宙的距離

與太陽之間的距離可使用天文單位、光年、秒差距表示。如果以光年表示與某個天體之間的距離，即可得知該天體傳到地球的是幾年前的光。舉例來說，5光年外的天體所傳來的是5年前的光。

光　1光年
9460兆7304億7258萬800公尺
（＝約9兆4607億公里＝約6萬3241天文單位）

恆星視差為1秒角（1秒角＝3600分之1度）

●天體

1秒差距
約3京856兆8000億公尺
（＝約30兆8568億公里＝約3.26光年
＝約20萬6265天文單位）

天文單位，光年，秒差距
[au]　　　[pc]

1天文單位是1495億9787萬700公尺。1光年是9460兆7304億7258萬800公尺。1秒差距＝約3京856兆8000億公尺。

2

質量與數量的單位

Units of weight and quantity

1公斤與頻率1.35639249×10^{50}赫茲光子的能量等價

在 國際單位制當中，質量的單位是「公斤」（kg）。

自1889年以來，公斤的定義都是以「國際公斤原器」（第16頁）為基準。但在其製造完成的100多年後，發現該原器的質量改變了約50微克。於是自2019年5月20日起，改用「普朗克常數h」作為新的定義。

1粒光子具備的能量與光的頻率成正比，其比例常數為普朗克常數h。首先將普朗克常數h的值精確地定為6.62607015×10^{-34}Js（焦耳·秒），再根據物理定律，利用這個值定義1公斤。

話說回來「質量」到底是什麼呢？質量經常與「重量」混用，但兩者其實截然不同。質量是代表「移動物體的難易程度」（嚴格來說是靜止時移動的難易程度），是物體固有的值。質量無論到哪都不會改變，即使在無重力空間中，質量愈大的物體依然愈難移動。

重量則是地球帶給物體的「重力」大小，能夠以「重力＝質量×重力加速度」表示。

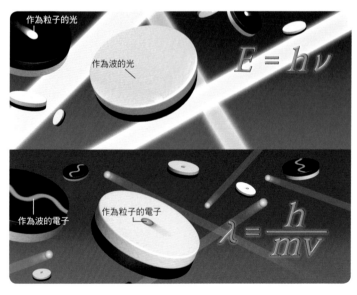

作為粒子的光

作為波的光

$E = h\nu$

作為波的電子

作為粒子的電子

$\lambda = \dfrac{h}{mv}$

普朗克常數

根據量子力學，電子等基本粒子與光同時具備波與粒子的性質。圖中的公式「$E = h\nu$」，代表「光的粒子（光子）的能量與頻率ν成正比」。至於另一個公式「$\lambda = \dfrac{h}{mv}$」，則表示「電子的波長λ，與電子的運動量成反比」。普朗克常數是這些關係式的比例常數。

質量是「物體移動的難易程度」

質量是表示物體移動的難易程度（準確來說是加速的難易程度）的量。圖解中描繪的是在無重力空間下，用同樣的力和時間推動鐵球與網球的結果。因此可以判斷難以移動的金屬球質量較大。

鐵球

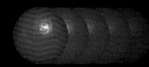

鐵球：難以移動＝質量大

網球

網球：容易移動＝質量小

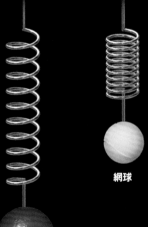

重量是「重力」

重量（物體承受的重力大小）可透過以彈簧吊掛，或放在計重秤上測得。

網球

鐵球

公斤
[kg]

1公斤是質量能（第192頁）與頻率 1.35639249×10^{50}赫茲的光子（構成光的粒子）的能量相等粒子所具備的質量（用公式來寫就是 $hv=mc^2$）。

1噸代表1桶葡萄酒，但有多種定義

噸（t）是公制與英制的質量單位。

「噸」來自古法語的「tunne」，意思是「桶」，因為在1個葡萄酒桶中裝滿水的重量是1噸。後來在公制建立時，制定了「公噸」（metric ton），如果以國際單位表示，1000kg＝1公噸。

國際單位制（SI）中使用「詞頭」表示倍數，所以公噸以公克加上代表100萬倍的「M」（mega）標示，變成「Mg」（megagram）。但「噸」（t）已經使用了很長一段時間，因此雖然不是國際單位，也允許同時標示。

不過，噸的定義在英國及美國不同。英國的噸稱為「英噸」或「長噸」（long ton）、「總噸」（gross ton），1英噸等於2240磅（約1016.05公斤）；美國的噸則稱為「美噸」或「短噸」（short ton）、「淨噸」（net ton），1美噸等於2000磅（約907.18公斤）。

此外，船舶的大小與排水量也以噸表示，但指的是容積而不是船的重量。同樣的，卡車使用的噸也是代表大致的酬載量[※]。

※最大酬載量包含司機的重量。

專欄 COLUMN　石油用的「桶」

桶（bbl）是英制的慣用體積單位，源自於英語的桶（barrel）。桶的定義隨著國家、測量對象，例如液體或穀物等而改變。石油使用的定義是「1桶（bbl）＝42美制液量加侖」（約159公升），但國際上使用公升（L）作為單位。

1tunne

約252葡萄酒加侖
（954L）

噸源自於葡萄酒加侖

1噸相當於在約252葡萄酒加侖的木桶中裝滿水，約2100磅。葡萄酒加侖之所以變成不上不下的數字，是因為加侖的定義原本就有3種（第48頁）。

公噸
（法噸）

1噸＝1000kg

英噸
（長噸、總噸）

2240磅＝約1016.054kg

美噸
（短噸、淨噸）

2000磅＝約907.1848kg

船舶的「噸」是指「容積」
顯示船舶大小的指標是「總噸位」。這個指標不代表船舶的重量，而是容積的大小。容積愈大的船，總噸位也就愈大，與重量無關。

噸
[t]

1噸為1000公斤。

1加侖的標準依國家而異

加侖（gal）是英制的體積單位，其源自於拉丁語中的「gallon」，意思是碗或水桶。

最初的加侖有3種定義，分別是測量穀物體積的「玉米加侖」（corn gallon）、葡萄酒體積的「葡萄酒加侖」（wine gallon），以及啤酒體積的「啤酒加侖」（ale gallon）。

英國在1824年以啤酒加侖為標準，統一了加侖的定義。換句話說，10磅水的體積就是1加侖（關於磅請參考第50頁）。

不過英國的定義雖然統一了，美國仍使用兩種定義，分別是源自於玉米加侖的「美制乾量加侖」（US dry gallon），以及源自於葡萄酒加侖的「美制液量加侖」（US fluid gallon）。

臺灣採用的是美制液量加侖（3.785411784公升），普遍定義1加侖為345公升，約為3.8公升。

公升（L）雖然不是國際單位，但也允許併用。公升源自於拉丁語的「litra」。L之所以為大寫，是因為小寫的 l 容易與數字的 1 搞混。1毫升（ml）則等同於1立方公分（cc）。

牛奶盒
1公升

=

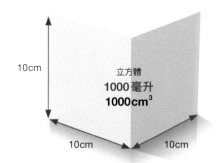

10cm

立方體
1000毫升
1000cm^3

10cm　　10cm

公升誕生於法國

1公升（L）是邊長10公分（cm）的立方體體積。國際度量衡總會於1964年將其定為1立方分米（dm^3）的別稱。1公升（L）等於1000毫升（ml）。

過去加侖的定義多達三種

英國在統一加侖時廢除的兩種定義，美國依然繼續使用。臺灣則使用將尾數四捨五入後的美制液量加侖。

| 葡萄酒加侖 | 啤酒加侖 | 玉米加侖 |

英制加侖（gal）
=4.54609公升（L）

英國

美國

美制液量加侖
（US fluid gallon）
=3.785411784公升（L）

美制乾量加侖
（US dry gallon）
=4.4048428032公升（L）

1加侖（gal）
3.785412公升（L）

1立方公分（cc）為1毫升（ml）

立方公分（CC）是「cubic centimeter」的字首，在SI單位中標示為$1cm^3$，相當於1毫升（ml）。除了使用於料理用的量匙之外，也用來標示機車等交通工具的排氣量。

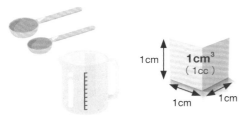

1cm
$1cm^3$
（1cc）
1cm
1cm

公升，加侖
[L]　　[gal]

1加侖為3.785412公升。1公升為1邊長10公分的立方體體積。

磷／盎司／格令

1磅為1名成人 1天食用的大麥量

磅 （lb）是英制的質量單位，1磅等於 435.59237公克。貨幣單位中也有英「鎊」，主要是將1磅的銀當成單位使用。

據說1磅源自於古代美索不達米亞地區，製作1名成人1天食用麵包所需的大麥量。

磅的單位標示為「lb」。這個與磅的發音相去甚遠的單位源自於拉丁語中的「libra」，是天秤的意思。古代人使用天秤測量質量，因此逐漸用「1 libra的重量」來表示單位。

磅（lb）的 $\frac{1}{16}$ 是盎司（oz），$\frac{1}{7000}$ 是格令（gr）。1盎司約為28.3公克，若去牛排店點餐，便可看到肉排以盎司數標示，不過店家為了方便計算，多將1盎司以30公克計算，若點份9盎司的牛排，大多代表這份肉排有270公克重。而格令是1粒大麥種子的重量，約相當於64.8毫克（0.0647989公克），這也是從古美索不達米亞時代流傳下來的單位。

英制質量單位

1盎司（oz）為 $\frac{1}{16}$ 磅，使用在香水或拳擊手套等。磅與盎司的關係採用16進位法。

453.59237公克（g）	1磅（lb）	
28.3495公克（g）	1盎司（oz）	$\frac{1}{16}$ 磅（lb）
64.799毫克（mg）	1格令（gr）	$\frac{1}{7000}$ 磅（lb）

1盎司（oz）
＝ 28.3495公克（g）

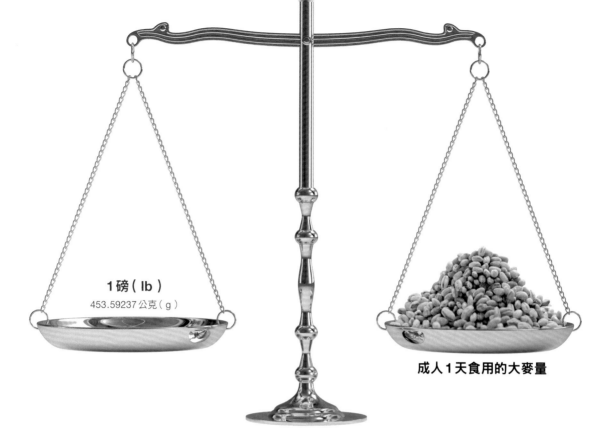

1磅（lb）
453.59237公克（g）

成人1天食用的大麥量

麵包曾是重量標準

1磅是烤出成人1天食用麵包所需的大麥質量。磅有金衡磅與藥衡磅等4種單位，如果只用「磅」則通常指「常衡磅」。

1格令是1粒大麥種子

1格令（gr）是1粒大麥種子的重量，約64.8毫克（mg）。換句話說，1磅相當於7000粒大麥。

1格令（gr）
＝ 64.799毫克（mg）

磅，盎司，格令
[lb] [oz] [gr]

1磅等於453.59237公克。1盎司等於28.3495公克。1格令約為64.8毫克。

日本獨特的體積單位

「尺貫法」是日本獨特的單位系統，表示體積的單位是石、斗、升、合。

「枡」是指用來測量1升的「木製容器」。為了與單位的升區別，使用加上木字旁的漢字。升在飛鳥時代（592～710）從中國（唐朝）傳入。枡的大小隨著時代改變，江戶幕府時代則統一使用「京枡」，其大小幾乎與現在相同。

在居酒屋喝日本酒時，或許有機會看到枡這種容器。喝日本酒時主要是使用一合枡，下圖的右邊則是一升枡。

或許有人會認為「一升就是一升瓶的量」。事實上1升是1.8039公升（L），一升瓶的容量則根據日本工業規格（JIS）的規定，定為1.8公升。日本的計量法雖然規定只能使用法定計量單位的計量器測量，但仍容許一些例外的特殊容器。除了一升瓶之外，啤酒瓶、醬油瓶等也都被認定為特殊容器。

尺貫法的體積單位

體積單位使用石、斗、升、合。能容納1升的容器稱為「枡」。圖為一升枡。

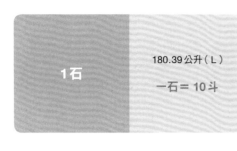

| 1石 | 180.39公升（L）

一石＝10斗 |

1石為1人1年份的米

過去日本的稻米產量以「石高」表示。1石是1人1年食用稻米的量，大約相當於1000合份。換算成米俵相當於2.5俵。

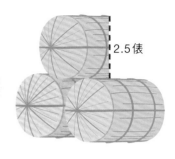

2.5俵

| 1斗 | 18.039公升（L）

1斗＝10升 |

1斗約18公升

雖然在日常生活中較少看到，但日本有一種稱為「一斗罐」的18公升裝方形容器，用來盛裝營業用的沙拉油等。臺灣的沙拉油桶則是用加侖來表示。

| 1升 | 1.8039公升（L） |

一升瓶為1.8公升

測量1升的「枡」，大小隨著時代改變。在現代的計量法中，1升等於1.803856公升。但根據計量法中的「特殊容器制度」規定，1升瓶的容量為1.8公升。

| 1合 | 180.39
毫升（ml）

1合＝$\frac{1}{10}$升 |

1個酒瓶為1合（約180ml）

1合德利（小酒瓶）的容量約180毫升。這個單位也被使用在電鍋用的量杯等。

石，斗，升，合

1石為180.39公升。1斗為18.039公升。1升為1.8039公升。1合為180.39毫升。

1文錢成為
重量單位的標準

日本的尺貫法也使用文目、斤、貫作為表示重量（質量）的單位。1文目（匁）為3.75公克，相當於1文錢的重量。

1文錢的中央有個洞，能夠以繩子穿過將其串起。取「繩子貫穿孔洞」之意，1000枚串在一起的重量稱為「1貫」。因此1貫＝1000文目，相當於3.75公斤。

「斤」是唐朝時期從中國傳入日本的單位，在過去曾有各種不同的種類。中國傳入的單位是「唐目」，用來測量麵包與奶油等重量使用的單位稱為「英斤」。此外還有茶用、木棉用、香料用等，定義各不相同。附帶一提，現在的規定中，吐司使用的「1斤」，表示重量為340公克以上。

用來作為貨幣單位的「兩」，也來自唐朝時期的中國。1兩＝$\frac{1}{16}$斤，約37.5公克。

「兩」也是貨幣的單位

兩是中國傳來的重量單位，1兩＝10文目＝$\frac{1}{16}$斤。江戶時代的貨幣兌換商人，使用以「兩」作為基本單位的砝碼測量貨幣重量。因為當時的貨幣無論大小或金銀含有率都參差不齊，屬於每次使用都必須測量貨幣價值的「秤量貨幣」。後來才成為每1枚貨幣的面額都固定的「計數貨幣」，標準是1枚小判＝1兩，1枚大判＝10兩。

分銅

寶石、珍珠的重量是「克拉」

寶石、珍珠的重量單位「克拉」，源自於希臘語的「kerátion」（刺槐豆）。克拉的符號為ct或car。克拉的重量在各個時代與地方都不相同，1907年將1克拉（ct）定義為0.2公克（g）。

尺貫法的質量單位

1貫如果指的是貨幣，稱為「貫文」；若是指重量，則稱為「貫目」（1貫的目方）。

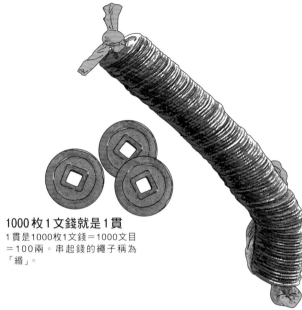

1貫	3.75公斤（kg） **1貫 = 1000文目**

1000枚1文錢就是1貫
1貫是1000枚1文錢＝1000文目＝100兩。串起錢的繩子稱為「緡」。

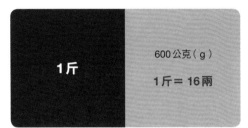

1斤	600公克（g） **1斤 = 16兩**

1斤本來是600公克
明治時代後，1斤的定義統一為160文目＝1斤＝600公克。現在定義1斤吐司的重量為340公克以上。

文目作為珍珠的重量單位使用
1文目＝1文錢，相當於3.75公克。文目現在成為「momme」，也是珍珠交易的重量單位之一。

1文目	3.75公克（g）

1文錢

貫，斤，文目，兩

1貫為3.75公斤。1公斤為600公克。
1文目為3.75公克。1兩為37.5公克。

莫耳為表示分子與原子的數量單位

莫耳（mol）為表示原子與分子數量的單位。由於原子與分子非常小，即使是只有1公克的物質，所含原子與分子等粒子數仍非常龐大。為了方便處理這些粒子的數量，於是將其作為一個統整的量來思考，這個單位就是「莫耳」。

2018年以前，1莫耳的定義都是「12公克的『碳12』（^{12}C）』中存在的原子數」。1莫

1莫耳是多少？

示意圖所繪為1莫耳，也就是「6.02×10^{23}」個分子或原子分別聚集在一起的數量。

鹽（NaCl）	1莫耳＝58.5公克

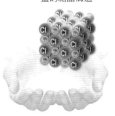

鹽的結晶構造

58.5公克的鹽，相當於50碗味噌湯的鹽分。

亞佛加厥常數為「$6.02214076 \times 10^{23}$」

直到2018年以前，1莫耳的定義都是「12公克的『碳12』（^{12}C）』中存在的原子數」。新的定義將1莫耳嚴格定義為$6.02214076 \times 10^{23}$。附帶一提，莫耳一詞來自「molecule」，是分子的意思。

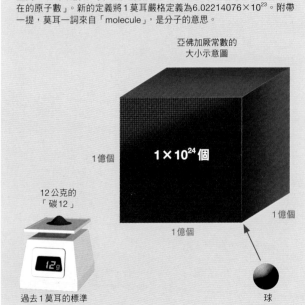

亞佛加厥常數的大小示意圖

1億個

1×10^{24}個

12公克的「碳12」

1億個

1億個

12g

過去1莫耳的標準

球

圖中描繪瓦斯的主要成分甲烷（CH_4）。1莫耳的氣體在0℃，大氣壓（1大氣壓）下的體積大約是22.4公升，與1顆直徑約35公分的球相同。

※這是理想氣體的情況。實際上1莫耳的氣體體積不一定是22.4公升。

耳是指12公克的碳12原子數，約為6.02×10^{23}個，意即含有約6.02×10^{23}個粒子的物質量。

隨著實驗技術提升，1莫耳的粒子數已能精確計算。於是將亞佛加厥常數N_A嚴格定義為$6.02214076 \times 10^{23} \, \text{mol}^{-1}$（每莫耳）。換句話說，1莫耳含有$6.02214076 \times 10^{23}$個粒子。

「$6.02214076 \times 10^{23}$」個的示意圖請見左頁下圖。

10^{23}是將10乘23次的數。如果在立方體的1邊排列1億顆球，整個立方體內含有的球數就是1×10^{24}顆。這個數字相當接近亞佛加厥常數，約其1.66倍。附帶一提，現在可以觀測到的恆星數大約是7×10^{22}個，而亞佛加厥常數約相當於該數字的10倍。

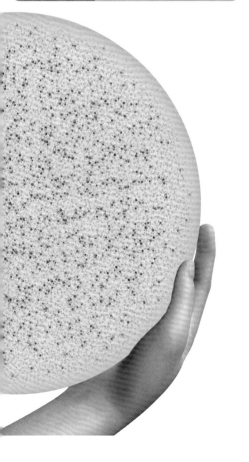

| 氣體 | 1莫耳＝約22.4公升 |

| 水（H_2O） | 1莫耳＝18公克 |

水分子的結構

料理用量匙1大匙加5分之3小匙的水，為18公克。

| 鋁（Al） | 1莫耳＝約27公克 |

鋁的晶體結構

鋁箔紙的成分幾乎只有鋁。27公克的鋁約相當於4公尺的家用鋁箔紙（厚約0.01毫米，寬約25公分）。

莫耳
[mol]

1莫耳等於$6.02214076 \times 10^{23}$個。

3

面積與角度的單位

Units of size and angle

表示面積的
「平方公尺」

表 示面積的國際單位是「平方公尺」（m²）。平方公尺就是公尺×公尺，也是基本國際單位（SI）組合而成的「導出單位」（第20頁）。公尺又稱為「米」，因此有時也會將平方公尺簡稱為「平方米」。

面積單位除了公尺之外，還有表示田地等

表示面積的單位

邊長1公尺的正方形面積為1平方公尺。1公頃（10000m²）大約相當於400公尺跑道田徑場內側的面積。

※圖示代表各自的比例示意圖。

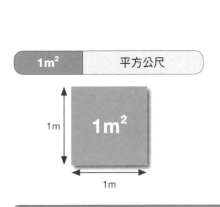

| 1m² | 平方公尺 |

1m²

1m

1m

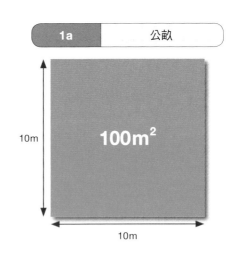

| 1a | 公畝 |

100m²

10m

10m

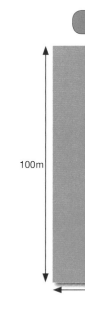

100m

公畝、公頃

公畝（are）源自於拉丁文的「area」，意思是廣場或空地。1公畝約為30.25坪，約相當於100平方公尺。公畝與公頃都不是SI單位，但日本的計量法將公畝與公頃作為「用途限定的非SI單位」使用。

土地面積使用的「公畝」（a）與「公頃」
（ha），兩者都是公制的面積單位。1公畝等
於100平方公尺；1公頃則是為公畝加上代表
100倍的國際單位詞頭hecto，1公頃等於
10000平方公尺。公頃雖然不是國際單位
（SI），但暫時允許與SI併用。

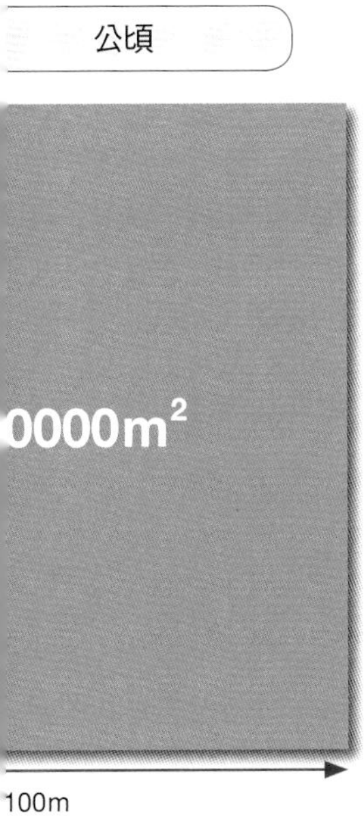

| 1km² | 平方公里 |

1000000m²

1000m

1000m

公頃

0000m²

100m

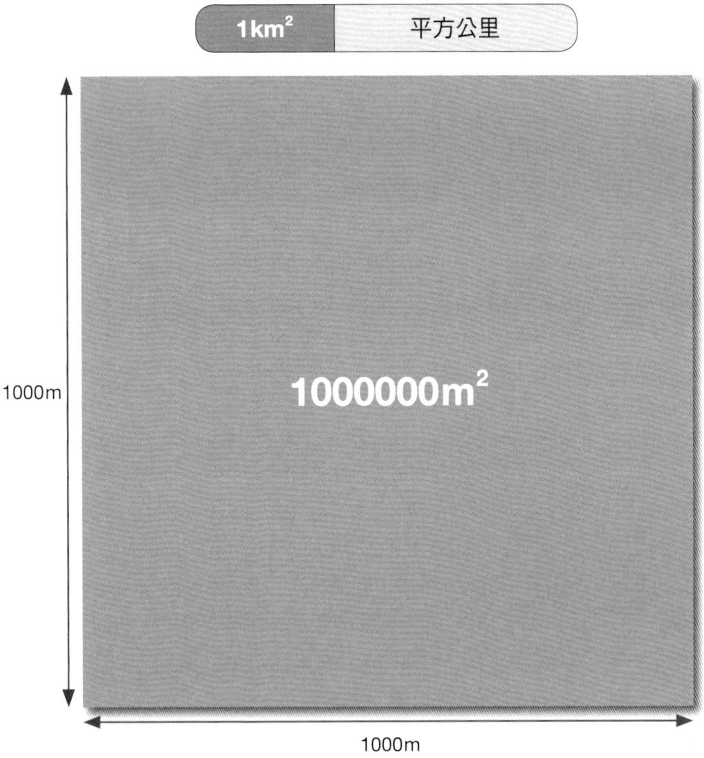

平方公尺
[㎡]

1平方公尺為1公尺×1公尺。

1英畝是2頭牛
耕種1天的田地面積

英畝是英制的土地面積單位。1英畝大約等於4046.9平方公尺，但英國與美國的數值有微妙的差異。這是因為用來計算英畝的長度單位「英尺」（第30頁），英國使用的是「國際英尺」，美國用於測量的則是「測量英尺」，兩者有若干不同。

英畝的單位用「ac」表示，這個字源自於拉丁文的「ager」，是「軛」的意思，因為2頭牛在耕種時以軛相連。牛隻1天耕種的面積就是1英畝，因此英畝的面積隨著國家與地方而不同。英國國王愛德華一世（在位1272～1307）後續將其統一為現在的定義，稱為「法定英畝」（statute acre）。1英畝大約相當於0.4公頃（ha）。

專欄
COLUMN

1頭牛在上午耕種的面積稱為「甲」

除了英畝，還有其他來自牛隻耕種的面積單位。「甲」（morgen）在德語中是指「早晨」或「上午」的意思，是德國自古用來表示面積的單位，代表1頭牛在上午能耕種的面積。

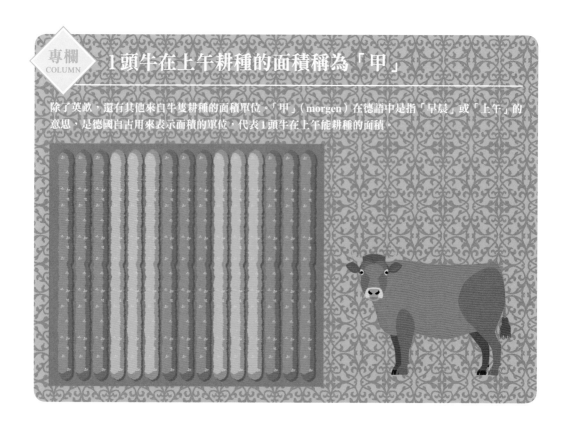

過去用牛耕田

將兩頭牛用「軛」連接起來，使用犁翻土、整地。

10鏈
（約201.17m）

1鏈
（22碼）
（約20.12m）

1 英畝的長度

1英畝的面積等於1×10鏈（1鏈為20.117
公尺。詳情見第32頁）。牛在耕田時會來回
折返，因此呈現細長的形狀。

英畝
[ac]

1英畝約4046.9平方公尺。

A4影印紙的比例是「長：寬＝1：$\sqrt{2}$」

說 到紙的尺寸，大家或許都熟悉經常用來影印的「A4」吧？除此之外，筆記本或教科書等的「B5」也是常用尺寸。

這裡的「A」、「B」代表紙的規格。A是「A類紙度」，B是「B類紙度」，日本各別將其稱為A判和B判。兩者皆有0到10的數字，如下圖所示，數字愈大尺寸愈小。

A類紙度是國際標準規格，B類紙度則是源自於江戶時代使用的美濃紙（日本岐阜縣生產的和紙）規格，兩者都是屬於日本工業規格（JIS規格），不過B類紙度是日本特有的尺寸。

無論A類或B類紙度，長寬比都是1：$\sqrt{2}$，即使對折比例也不會改變，因此將紙裁切也不會浪費。除了A類紙度與B類紙度之外，印刷的尺寸主要分為四六版跟菊版，四六版中的16開（B5）常用來印製雜誌、32開（B6）常用來印小說；菊版則可用來對照A類紙度，例如菊8開為A4大小、菊16開為A5大小等。

A類紙度 國際規格

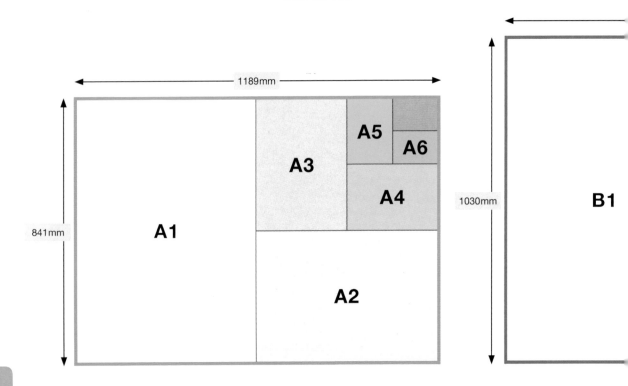

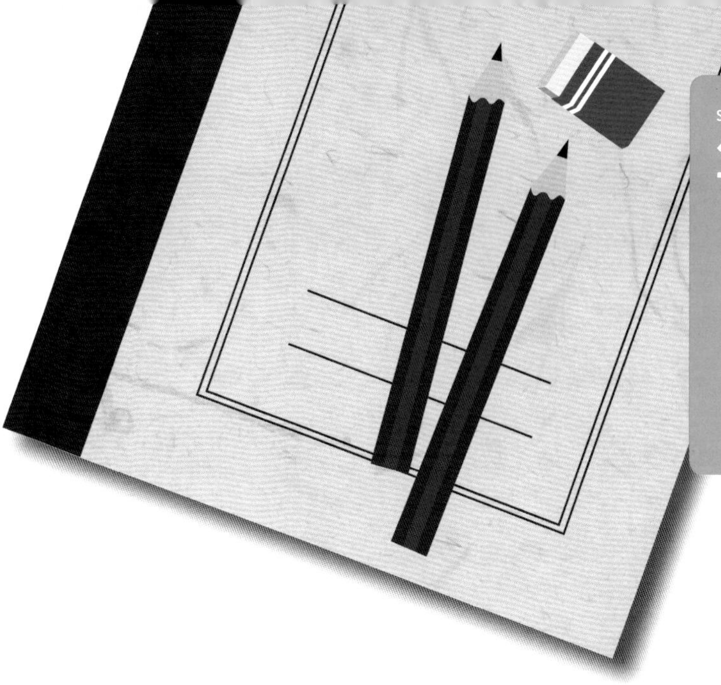

即使裁成一半比例也相同

無論紙的規格是 A 類紙度還是 B 類紙度，長寬比都是
1：$\sqrt{2}$。

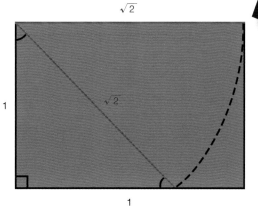

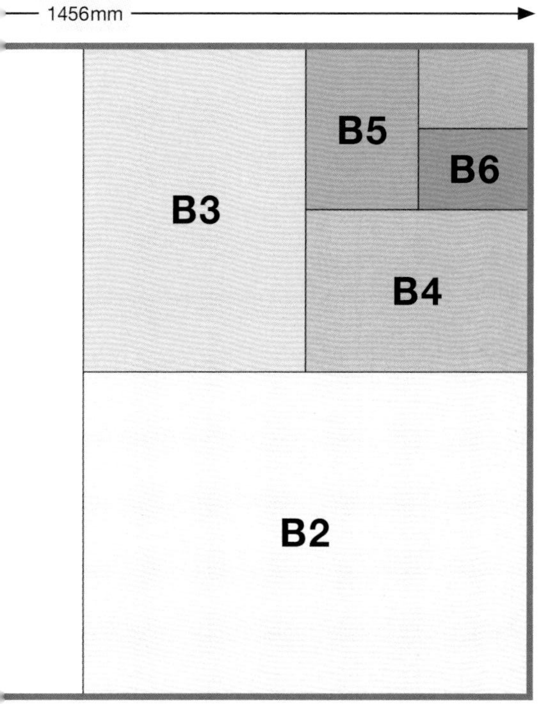

最常用的紙類規格

A 類紙度為左圖，整張的大小（1189mm×841mm）為
「A0」；B 類紙度為右圖，大小（1456mm×1030mm）
為「B0」。

B 類紙度 日本規格

← 1456mm →

B3

B5

B6

B4

B2

A 類紙度，B 類紙度

A類紙度的A0為0.841公尺×1.189公
尺，B類紙度的B0為1.030公尺×1.456
公尺。

圓弧的長度與半徑相等時中心角為「1弧度」

我們平常使用的「度數法」，圓形一周的角度是360度。但使用三角函數進行計算時，為了方便計算則會改使用「弧度法」。

弧度法使用的單位是「弧度」（rad）。1弧度是指當圓弧與圓的半徑等長時，其中心角的大小。圓形1周的角度是2π弧度。

弧度是能夠組合基本單位的「導出單位」，單位符號「rad」是源自於代表半徑的拉丁語「radius」。

弧度顯示的角度是平面角度（平面角）。至於代表球體頂點開放程度的立體角度則稱為「立體角」，使用的單位是「球面度」（sr）。

以畫出半徑為1的球體表面圖形為例，想像將球的中心與圖形的周圍用直線連結而成的錐體。球面上圖形的面積是1（1^2）時，錐體頂點的立體角就是1球面度。從中心看整個球體的立體角則是4π球面度。

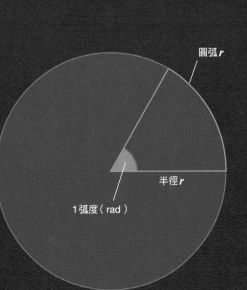

弧度與球面度

平面角

弧度（rad）

若圓的半徑為r，當圓弧長度為r時，扇形的中心角就是1弧度。中心角的大小與擁有這個中心角的扇形圓弧成正比。考慮圓周的中心角，圓弧（圓周）的長度$2\pi r$，是r的2π倍，因此中心角為1弧度×2π＝2π弧度。

圓弧 r

半徑 r

1弧度（rad）

立體角

球面度（sr）

若球的半徑為r，當表面圖形的面積為r^2時，這個圓錐頂點的角度（立體角）就是1球面度。立體角的大小與球體表面畫出的圖形面積成正比。如果考慮從中心看整個球體的立體角，整個球的表面積是$4\pi r^2$，也就是r^2的4π倍，因此立體角為1球面度×4π＝4π球面度。

度數法與弧度法

「度數法」是將圓分成360等分來表現角度的方法;「弧度法」使用的單位則是「弧度」,顯示的是與角度的比。360度等於2π弧度。

度數法	約57.2° = 1rad

弧度法	1rad =約57.2°

將1個圓分成360等分就是「1度」

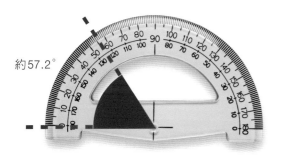

約57.2°

半徑與弧長相等時的中心角就是「1弧度」

半徑

1弧度

弧長

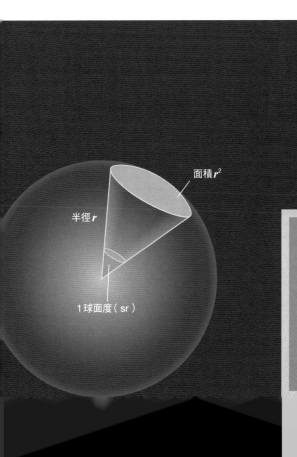

面積 r^2

半徑 r

1球面度(sr)

弧度,球面度
[rad]　　[sr]

弧度是圓半徑與圓弧長度相等的扇形中心角。球面度是球體的半徑為 r,球體表面積為 r^2 時的圓錐立體角。

町／反／畝／步

1坪的面積
大約是2張榻榻米

在 日本的尺貫法中，代表面積的單位有町、反、畝、步等。步是中國傳入的單位，幾乎與坪相同。而坪也是臺灣常見的單位，多用來標示面積。除了面積之外，坪也會用來表示體積，為了與面積區別，則會稱之為「立坪」。

1坪的面積約3.3平方公尺，大約相當於2張榻榻米。

榻榻米也會用來表示面積，假如「四疊半」，就能大概想像出大小。

1町約為1公頃。為了避免與長度的「町」混淆，也會稱為「町步」；「1反」也會寫成「1段」，兩者意思相同。「反」除了是面積單位，也會作為布匹的長度單位，而在臺灣若要向布行買布，則多以台尺（30公分）為單位；1畝則大約相當於1公畝。土地與建築物的面積現在也會用坪表示，但在權狀裡，不會用坪標示，而是使用平方公尺。

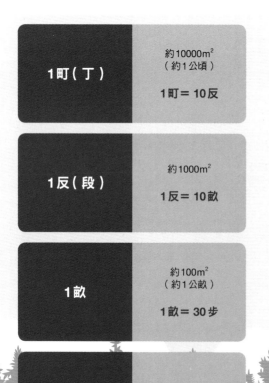

1町（丁）	約10000m² （約1公頃） 1町 = 10反
1反（段）	約1000m² 1反 = 10畝
1畝	約100m² （約1公畝） 1畝 = 30步
1步（坪）	約3.3m²

分別使用於
住宅與田地的面積

步與坪的面積幾乎相等，「坪」用於表示住宅面積時，而表示山地與田地面積則使用「步」。

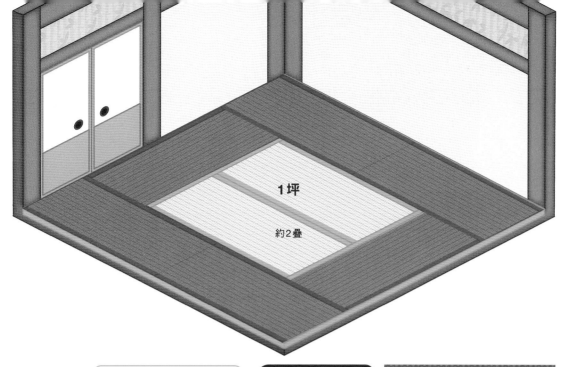

1坪

約2疊

1坪約2張榻榻米

1坪（約3.3m²）的大小相當於2張榻榻米。榻榻米的面積以「疊」表示，疊的尺寸如右側所示，依時代與地方而異。

1步幾乎等於1坪

表示面積的1步約等於3.3m²，幾乎與1坪相同。1邊的長度也是「1步」，相當於腳跨2步的步幅（與第14頁的「步距」相同）。

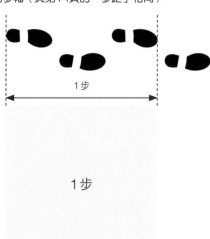

1步

1步

京間

京都與關西地區的尺寸

1.910m×0.955m

中京間

中京（名古屋一帶）、東北及北陸等地區的尺寸

1.820m×0.910m

江戶間

主要為關東地區的尺寸

1.760m×0.880m

町，反，畝，步

1町約10000平方公尺。1反約1000平方公尺。1畝約100平方公尺。1步約3.3平方公尺。

4

時間與速度的單位
Units of time and speed

1秒
根據原子的振動決定

秒 使用「銫133原子」定義。

原子具有吸收、釋放電磁波的性質，而這些電磁波頻率是固定的。頻率是指波每秒振動的次數，單位為「赫茲」（Hz）。

銫133原子所吸收、釋放的電磁波（微波）頻率為91億9263萬1770赫茲。於是，科學家將此電磁波振動次數所需的時間定義為1秒。使用該原理製造的「原子鐘」能顯示正確的時間。

此外，全球共通的時間也根據「國際原子時」（TAI）與「世界時」（UT）制定。

國際原子時（TAI）是根據超過70個國家，約500座原子鐘的時刻制定，顯示一定且正確的1秒；世界時（UT1）則是根據地球自轉所制定的時間。雖然是配合我們生活的時刻，但地球的自轉速度會改變，因此1秒的長度也會跟著改變。

至於「世界協調時間」（UTC）除了使用能顯示正確秒數的國際原子時，也會每隔幾年1次，以「閏秒」修正與地球自轉之間的誤差，目前作為全球共通的時間使用。

根據原子鐘算出的時間

國際原子時（TAI）

GPS衛星搭載的原子鐘會向全球各地的原子鐘發出1秒的訊號。收集與這1秒的誤差資訊，算出所有平均時間，再與最精密的原子鐘「原始頻率標準器」（primary frequency standard）的時刻比較並調整，最後得到國際原子時。

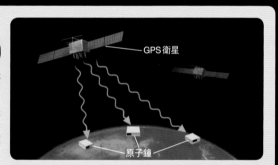

GPS衛星

原子鐘

根據地球自轉算出的時間

世界時（UT）

位於經度0度的英國前格林威治天文台所在地，根據地球自轉推算出的時間。分成UT0、UT1、UT2，這三者依據地球自轉的變動，修正的方式則各不相同。

地球

激發態的
銫133原子

頻率為
91億9263萬1770赫茲的微波

銫133原子吸收、釋放的電磁波振動次數為

91億9263萬1770次
＝1秒（s）

原子鐘

探測銫133原子的振動 並往前推進1秒的 「原子鐘」

銫133原子只吸收頻率為91億9263萬1770赫茲的微波,使其能量狀態提高(激發態)。原子鐘利用此性質將微波打到銫133原子上,確認銫133原子激發後,再計算微波的振動次數,並在振動次數達到91億9263萬1770次時,將時間往前推進1秒。

秒
[s]

1秒是銫133原子吸收、釋放特定的電磁波,振動91億9263萬1770次所需的時間。

1年為365天，但是有「閏年」

現今主要使用的曆法為「太陽曆」[1]，這是將地球繞太陽公轉一圈的時間設為1年的曆法，1年有365天。不過，地球繞太陽公轉的平均時間其實約為365.24219天，因此大約每4年就會有一次[2]的「閏年」，閏年為366天。

太陽曆也稱為「格里曆」，由羅馬教宗額我略13世（Gregorius PP. XIII，1502～1585）於1582年施行，改良自古羅馬時代沿用下來的「儒略曆」。

日本在1872年改用太陽曆。在此之前是以月亮的圓缺為基準，再參考太陽移動的「陰陽合曆」。

1天是太陽從南中（通過子午線）到下一個南中的時間。1天＝24小時的概念源自於古希臘天文學家喜帕恰斯（Hipparchus，生卒年不明）。之後確立了1天＝24小時，1小時＝60分，1分＝60秒的概念。

※1：伊斯蘭文化使用的「伊斯蘭曆」是太陰曆。

※2：每400年會有97次。西元年分除以4後，可以整除的年就是閏年。但如果以100可以整除，以400不能整除的年分則是平年。

1天＝24小時源自於天文學

據說1天設為24小時的概念，源自古希臘天文學家喜帕恰斯。1小時為60分，1分為60秒，則繼承自古巴比倫的60進位法。「日晷」（上圖）在古希臘時代之前就已出現，但無法測量如分、秒等較小的單位。據說最初分與秒是由計算概念而生。

1天＝24小時

據說1天為24小時的概念承襲自希克斯的研究結果，由希臘天文學家托勒密（Klaudios Ptolemaios，約100～170）確立。

1小時＝60分

分的語源是拉丁語的「minute」（微小），秒則是「second minute」（第二的分）。

太陽曆（格里曆）

太陽曆以地球能觀測到的太陽運動為基準，但實際上卻是地球繞太陽轉（公轉運動）。

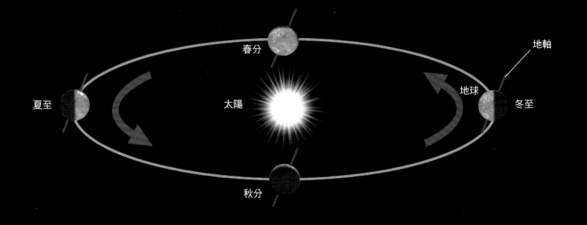

春分

地軸

夏至

太陽

地球

冬至

秋分

陰陽合曆

以月亮圓缺週期為單位的曆法。新月到新月的週期約29.5天，12個月約354天。當曆與季節的差距將近一個月時，則會加入「閏月」進行調整，因此有些年分為12個月，有些則是13個月。

新月

| 1日 | 2日 | 3日 | 4日 | 5日 | 6日 | 7日 | 8日 | 9日 | 10日 |

| 11日 | 12日 | 13日 | 14日 | 15日 | 16日 | 17日 | 18日 | 19日 | 20日 |

| 21日 | 22日 | 23日 | 24日 | 25日 | 26日 | 27日 | 28日 | 29日 | （30日） |

1年＝365天

從太陽通過春分點到再次通過春分點的時間稱為「太陽年」。太陽曆與陰陽合曆都會插入閏年，因此1年的長度接近1太陽年。

年，日，時，分

太陽曆的1年為365天，但每4年會有一次變成366天（閏年）。1天為24小時，1小時為60分，1分為60秒。

「1馬赫」等同於音速

音速是指聲波傳遞的速度,而聲波的傳遞速度會隨著介質與溫度等因素而改變。在15℃的空氣中,音速為每秒340公尺;在水中的速度則為每秒1000～1500公尺。

1馬赫同等於音速,符號為「M」,該名稱來自奧地利物理學家馬赫(Ernst Mach,1838～1916)。

火箭等航空器以超音速飛行。至於日本航空自衛隊的飛行表演隊「藍色衝擊」(Blue Impulse),其最大速度約為0.9馬赫(右圖)。

水中的音速

水中的音速雖然會受到溫度等條件影響,但每秒約為1000～1500公尺。欲尋找魚群等海中、海底的物體時,會使用藉由聲波探測物體的「聲納」裝置。

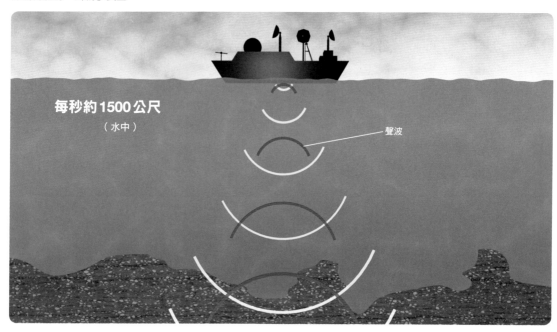

每秒約1500公尺
(水中)

聲波

馬赫

音速為「1馬赫」。超過音速稱為超音速，1.5～5馬赫是超音速，不到1馬赫則為次音速（subsonic speed）。

在15℃的空氣中

1馬赫＝每秒約340公尺

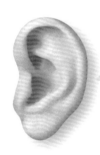

每秒約340公尺

（空氣中）

空氣中的音速

聲波在15℃的空氣中，傳遞速度約為每秒340公尺。氣溫0℃時則為每秒331.5公尺。氣溫每上升1℃，音速增加約0.6公尺。

馬赫
[M]

1馬赫在15℃的空氣中為每秒340公尺，在水中約為每秒1500公尺。

旋轉速率的單位

表示CD與馬達等旋轉速率的單位

旋轉速率是指單位時間內的轉數或旋轉角度，單位是「min^{-1}」或「rpm」。

min^{-1}是顯示每分鐘轉數的單位符號，單位是「每分」（per minute）。舉例來說，$1000min^{-1}$為每分鐘轉1000次。每分是min^{-1}，每秒是s^{-1}，每小時則是h^{-1}。

rmp則是「每分鐘轉數」（revolutions per minute）的縮寫，意思與min^{-1}相同。min^{-1}雖然不是SI單位，但在計量法當中則被視為「與SI單位有關的計量單位」。

轉數是控制馬達不可或缺的參數。至於CD與DVD等商品的旋轉速率都有規範，如果不以規範的速率旋轉便無法讀出正確資訊。

CD與DVD的旋轉速率

CD、DVD、藍光光碟、電腦硬碟等，都是透過旋轉已寫入資訊的圓盤，讀取其中所記錄的資訊（播放）。各個圓盤的旋轉速率取決於商品。

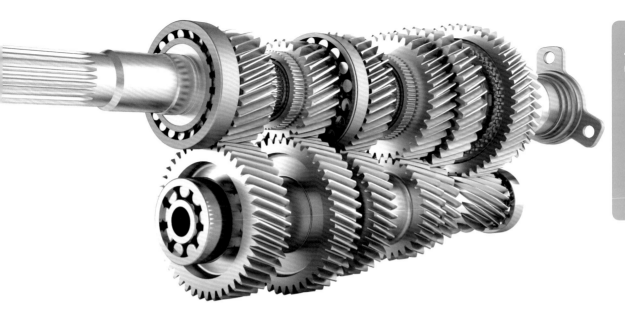

旋
轉
速
率
的
單
位

馬達的控制不可或缺

左圖為電動馬達。馬達將電力轉換成旋轉的力，需要多
少電力，則透過旋轉所需的力（力矩）與轉數（旋轉速
率）計算。

測量汽車引擎轉數的「轉速表」

轉速表（tachometer）顯示機器的旋轉速率。大家最熟悉的應該是
汽車引擎的轉速表吧？「tacho」一字源自希臘語的「速度」。

每分鐘轉數
[rpm]

每分鐘的旋轉次數。

江戶時代的時刻，在夏天與冬天的長度不同

現在的1天訂為24小時，與季節無關。這種直接將1天的長度均分成好幾等分決定時刻的方法稱為「定時法」。而日本在江戶時代時，以日出與日落為基準，將1天分為白天與夜晚，稱為「不定時法」。白天與夜晚的長度會隨著季節改變。

日出為「卯正刻」（明六時），日落為「酉正刻」（暮六時），晝夜各分成6等分，各自配上四～九的數字。這原本是為了報時需敲打太鼓的次數，後來直接用來指稱時刻[1]。

當時的日本跟中國一樣，也把1天分成12等分，依照子、丑、寅、卯、辰、巳、午、未、申、酉、戌、亥的順序，對應到十二地支，一刻約2小時，如果想要表示更細微的時間，則再將一刻分成三等分（或四等分）[2]，例如「丑三刻」是丑時的第三等分。

此外，天文與曆法則使用定時法，將1天分成100等分，使用1天＝100刻的單位。這裡的一刻相當於現在的14.4分鐘，也約等於中國古代將一小時分割成四等分的一刻（15分鐘）。無論是定時法或不定時法，都使用名稱相同的「刻」，注意不要搞混了。

※1：報時的太鼓不久後被時鐘取代。

※2：刻與分的標示並未統一，不同定義的單位混用。

定時法 | 1天＝100刻

天文與曆法等，將1天分成100等分。成語「刻不容緩」的「刻」，指的不是十二地支的一刻（2小時），而是15分鐘的一刻。

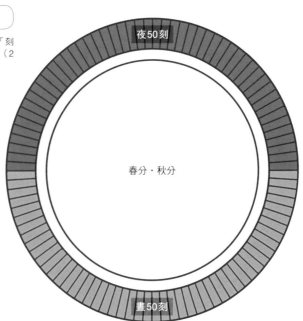

夜50刻

春分・秋分

晝50刻

以日出與日落將時間分成晝夜，各自有6等分，因此夏天時白天的一刻較長；冬天時則夜晚的一刻較長。從太陽的位置就能知道大致的時間，使用上比較方便。

日本落語「時蕎麥」就是以時刻為題材的段子。

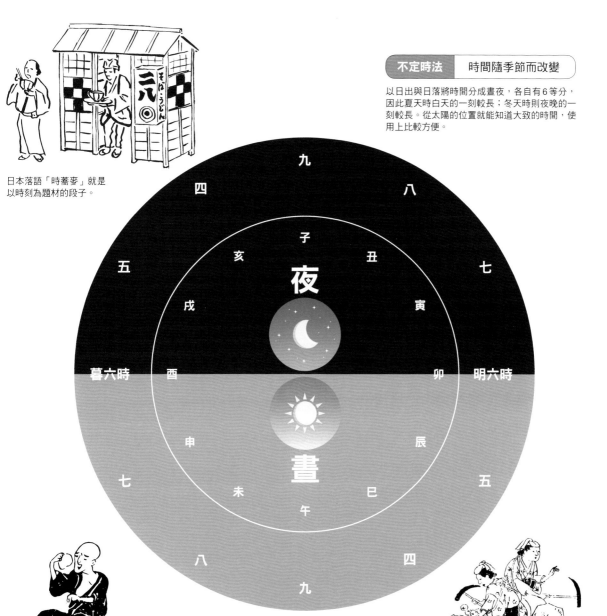

九
四　　　　　八
　　　　子
五　　亥　　　　丑　　　七
　　戌　　　　　寅
　　　　夜
暮六時　酉　　　　　卯　明六時
　　申　　　　　辰
七　　　　　　　　　五
　　未　　　　巳
　　　　晝
八　　　　午　　　　四
　　　　九

點心時間（八時）

正午

江戶時代表示時刻的方法

以數字與十二地支的組合表示，例如「酉二刻」。「丑三時連草木皆眠」的丑三時相當於現在的半夜1點到3點。

刻

不定時法約2小時，定時法將一天分成100刻，約為14.4分鐘。
※ 隨著季節而改變。

表示資訊量的「位元」與「位元組」

數位資訊只用0與1兩個數字表現

電腦與手機等處理的資訊量,以「位元」(bit)與「位元組」(byte)兩種單位表示。

位元是「binary digit」(二進位法的1位)的縮寫。電腦基本上是透過無數「開」與「關」的組合處理資訊。開與關這種二選一的資訊,能夠替換成只使用0與1兩個數字的二進位法。而二進位法的1位是最小的資訊單位,稱為位元。

1位元組是1個英文字母的資訊量

使用二進位法表示英文字母需要多少位元呢?區分大小寫的英文字母共有52個文字,如果每一個文字都要分配1個二進位法的數值(0或1),那麼至少需要6位數($2^6=64$),也就是6位元的資訊量。

實際上,電腦是以能夠處理字母加上數字及各種符號,共256種文字的8位元($2^8=256$)作為標準的呈現方式,也就是以8個位元表現1個文字。8位元稱為1位元組。1位元組=8位元。

中文一個字以2位元組表現,例如本書名《單位與定律大圖鑑》即佔16位元組,而英文字母無論大小寫,則各對應1個位元組,例如ABC即3位元組。

1位元可以區分2種資訊

1位元是二進位法的1位數,具體來說可以表現「0」與「1」這2種資訊;2位元是二進位法的2位數,可以表現「00」、「01」、「10」、「11」共4種資訊;3位元相當於二進位法的3位數,可以表現「000」、「001」、「010」、「011」、「100」、「101」、「110」、「111」共8種資訊。由此可知,每增加1位元,能夠表現的資訊種類就變成2倍。通常以8位元為1組,稱為1個位元組,可以表現256種資訊。

7個文字的資訊量是7位元組

1位元組能夠以二進位法的8位數字表現,共有256種變化。換句話說,1位元組能夠分辨256種資訊。在英語中,1位元組的資訊量,相當於1個字母。

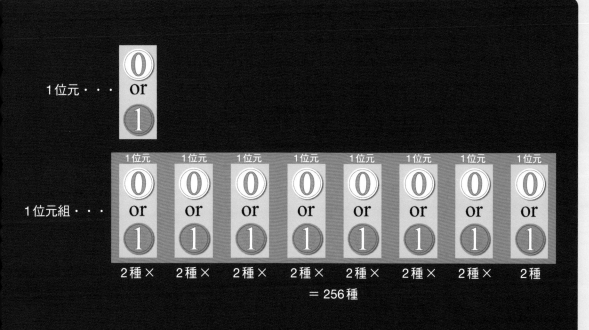

1位元・・・ 0 or 1

1位元組・・・

1位元 0 or 1　2種×
1位元 0 or 1　2種×
1位元 0 or 1　2種×
1位元 0 or 1　2種×
1位元 0 or 1　2種×
1位元 0 or 1　2種×
1位元 0 or 1　2種×
1位元 0 or 1　2種

＝256種

Galileo

G	a	l	i	l	e	o
01000111	01100001	01101100	01101001	01101100	01100101	01101111
表現「G」01000111的8位數	表現「a」01100001的8位數	表現「l」01101100的8位數	表現「i」01101001的8位數	表現「l」01101100的8位數	表現「e」01100101的8位數	表現「o」01101111的8位數
1位元組	1位元組	1位元組	1位元組	1位元組	1位元組	1位元組

7位元組

5

力學與電力／
磁力的單位

Units of Mechanics and Electricity/Magnetism

克氏／攝氏／華氏

表示絕對溫度的單位「克氏」

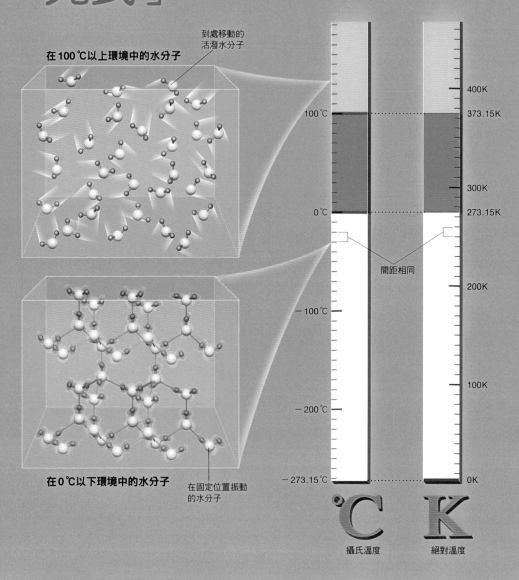

到處移動的活潑水分子

在100℃以上環境中的水分子

在0℃以下環境中的水分子

在固定位置振動的水分子

間距相同

400K

100℃　　373.15K

300K

0℃　　273.15K

200K

−100℃

100K

−200℃

−273.15℃　　0K

℃

攝氏溫度

K

絕對溫度

以原子與分子停止運動的「絕對零度」為基準

溫度愈低，形成物質的粒子動能愈小。一般認為，在克氏的基準「-273.15℃」（絕對零度）時，水分子的運動停止，動能變成零。因此，可以將溫度的高低想像成粒子運動的激烈程度。

際的溫度單位為「克耳文」（K，又稱克氏）。克氏以自然界的最低溫度-237.15℃（絕對零度）為基準，是「絕對溫度」的單位。

克氏在過去的定義是「水的三相點[1]的絕對溫度的 $\frac{1}{273.16}$」。但是三相點的溫度並非固定。因此，現在改使用「波茲曼常數」（k）賦予其新的定義。波茲曼常數是指1個分子具備的動能與溫度結合關係式中的常數，定為 $1.380649 \times 10^{-23} JK^{-1}$（焦耳每克耳文），再依此根據物理定律定義克氏溫度。

我們日常使用的溫度單位是「攝氏溫度」（℃）。攝氏溫度的基準是冰點[2]為0℃，沸點[3]為100℃。相對之下，絕對溫度的基準是絕對零度（0K）。各自的基準如左圖紅色部分所示。

絕對溫度的刻度間距設定與攝氏溫度相同。現在則反過來根據絕對溫度（K）＝攝氏溫度（℃）＋273.15，來定義攝氏溫度。

溫度單位除了絕對溫度與攝氏溫度之外，還有在美國等地使用的「華氏溫度」（℉）。

※1：水的三相點是水蒸氣與水、冰三種狀態共存的溫度。

※2：水的凝固點。

※3：液體沸騰的溫度。

攝氏溫度（℃）

攝氏溫度（攝氏溫標）由瑞典的物理學家攝爾修斯（Anders Celsius，1701～1744）提出。他將1大氣壓下，水與冰共存的溫度（冰點）設為0℃，水與水蒸氣共存的溫度設為100℃，並且將中間的溫度分成100等分。

華氏溫度（℉）

華氏溫度（華氏溫標）由德國物理學家華倫海特（Daniel Gabriel Fahrenheit，1686～1736）提出。他將水的冰點設為32℉，沸點設為212℉，並且將中間的溫度分成180等分。

溫度的單位比較

克耳文 K	攝氏溫度 ℃	華氏溫度 ℉
0	− 273.15	− 459.67
255.37	− 17.78	0
273.15	0	32
373.15	100	212

克氏溫度
[K]

1K的溫度變化，等於為1個單原子分子的平均動能帶來 $\frac{3}{2} \times 1.380649 \times 10^{23}$J的溫度變化。
※這是將波茲曼常數定義為 1.380649×10^{-23} JK^{-1}，並且考慮單原子分子為理想氣體的情況。

使物體加速的力單位「牛頓」

「牛頓」是國際單位制的力單位。1牛頓是「讓質量1公斤的物體產生1m/s² 加速度的力」。SI單位標示為「kg・m/s²」，但一般習慣使用源自於發現萬有引力的科學家牛頓（Isaac Newton，1642～1727）的單位符號「N」。

物理學使用的「力」，指的是「讓物體移動（加速）的物理量」。施加的力愈大，物體移動的幅度愈大（加速度愈大）。換句話說，力與加速度成正比。此外，質量愈大的物體，需要愈大的力才能以一定的加速度移動。也就是說，物體的質量與使其以一定加速度移動所須的力量大小成正比。根據上述原則，將施加於物體的力、物體的質量與物體產生加速度的關係進行整理，能成立「力＝質量×加速度」的公式。該公式稱之為「運動方程式」。

地球能夠產生約9.8m/s²的重力加速度。重力加速度是指地球的重力帶給地表上物體的加速度。若以牛頓（N）表示，則質量1公斤的物質能夠產生9.80665牛頓的力。

1N的體感

1牛頓（N）相當於「手拿約100公克物體時感覺到的力」，因為作用在100公克物體上的力為1牛頓。而100公克大約相當於1顆橘子的重量，可惜不是蘋果呢。

重力單位制的力的單位有「公斤重」（kgf），相當於作用在質量1公斤物體的重力大小。
1kgf＝9.80665N。
換算起來，1N≒0.102kgf，約0.1kgf＝100g。

※嚴格來說100g＝0.98N

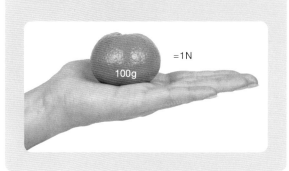

=1N

100g

重力加速度

重力讓地球上的物體以每秒鐘增加約9.8公尺的速度加速，稱為「重力加速度」。

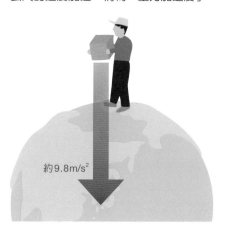

約9.8m/s²

運動方程式

力與運動物體的質量及加速度成正比，
稱為「運動方程式」。

$$F = ma$$
力　　質量　加速度

　質量愈大，運動所須的力也愈大

　加速度　　　　質量愈小，加速度愈大

以同樣大小的力推動網球與鉛球，質量較小的網球較容易移動（＝
加速度較大）。

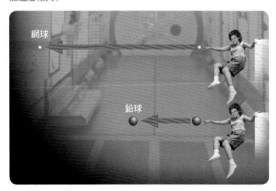

網球

鉛球

 最初　

1秒後　　每秒1m

2秒後　　每秒2m

3秒後　　每秒3m

1牛頓的力

讓質量1公斤的物體，以每秒
增加1公尺速度運動的力。

牛頓
[N]

1牛頓是讓質量1公斤物體產生1m/s²
加速度的力。

能量的單位「卡」與「焦耳」

能 量的單位是「卡」（cal）與「焦耳」（J）。

卡是以「水」為基準定義的單位。在1大氣壓下，讓1公克的水溫上升1℃所需的能量（熱量）稱為1卡。

然而，「卡」這個單位也有問題。嚴格來說，雖然都是1卡，但是讓不同溫度的水溫上升1℃所需的能量也不同。因此，1948年的國

1卡（cal）

使1公克的水上升1℃的能量（熱量）。

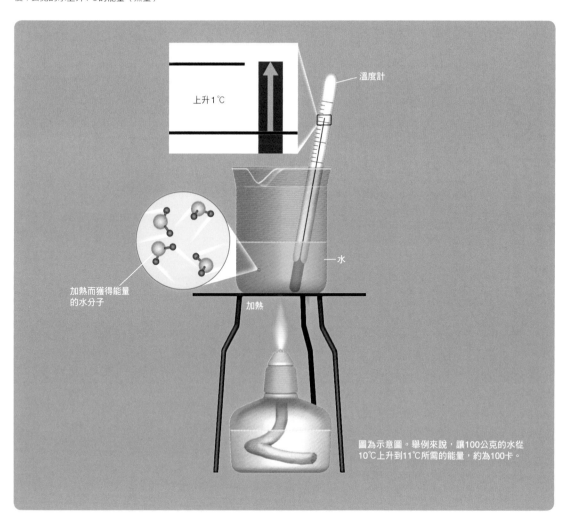

上升1℃

溫度計

加熱而獲得能量的水分子

水

加熱

圖為示意圖。舉例來說，讓100公克的水從10℃上升到11℃所需的能量，約為100卡。

際度量衡總會決定使用「焦耳」（J）作為能量單位。

1焦耳是以1牛頓的力將物體推動1公尺所需的能量。我們推動物體時使用的能量，能以「力×距離」（N·m）表示。力的單位是牛頓（N），距離的單位是公尺（m）。

焦耳不只是熱量單位，也能作為能量單位使用。話說回來，能量是指施加力量移動物體（物理學上稱為「作功」）的能力。

此外，能量也能改變型態。舉例來說，如果物體在地板上移動，物體的動能會轉變為與地板摩擦產生的熱能。但此時能量的總量不會改變，而是維持恆定，稱為「能量守恆定律」（law of conservation of energy）。

1焦耳（J）

以1牛頓的力將物體推動1公尺所需的能量（作功量）。

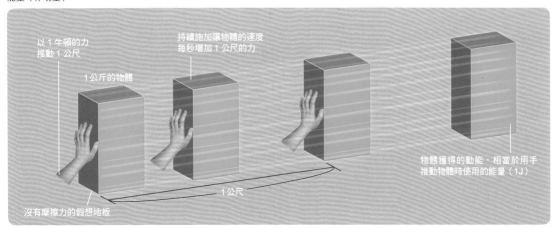

以1牛頓的力推動1公尺

1公斤的物體

持續施加讓物體的速度每秒增加1公尺的力

物體獲得的動能，相當於用手推動物體時使用的能量（1J）

1公尺

沒有摩擦力的假想地板

1卡（cal）等於4.184焦耳（J）

1卡（cal）＝4.184焦耳（J）。食品標示的卡被稱為「熱化學卡」。食品具備的能量，能夠以燃燒食品所產生的熱量進行測量。不過，人類不可能將食品完全消化、吸收，因此食品實際標示的值經過修正，是人類能夠實際從食品消化、吸收的能量。舉例來說，1公克的蛋白質相當於4大卡（kcal）。

卡、焦耳
[cal]　[J]

1卡是在1大氣壓下，讓1公克的水上升1℃所需的能量（熱量）。1焦耳是以1牛頓的力將物體推動1公尺所需的能量。

安培是表示
電流大小的單位

電流的基本單位是「安培」。電流其實是帶負電的「電子」流。

金屬等導體中，存在大量能自由移動的電子，稱為「自由電子」。將導線接上電池後，自由電子會從電池的負極朝向正極移動※，這就是電流。

1個電子的帶電量「基本電荷」（e）是固定的。安培的定義在2019年5月20日經過修正。基本電荷e的數值在過去具有不確定性，但現在的安培，則是將基本電荷e的值嚴格定義為$1.602\ 176\ 634 \times 10^{-19}$庫侖（C）。「庫侖」是電量的單位（第100頁）。

1安培是1秒搬運1庫侖電量時的電流大小。因此，1安培的電流等於1秒搬運$\frac{1}{1.602\ 176\ 634} \times 10^{-19} = 6.241\ 509\ 074\ 460\ 76 \times 10^{18}$個電子時的電流。

不過，除了庫侖之外還有很多關於電的單位及定律，接下來將分別介紹各個單位。

※電流從正極流向負極，電子流的流向則與電流相反。

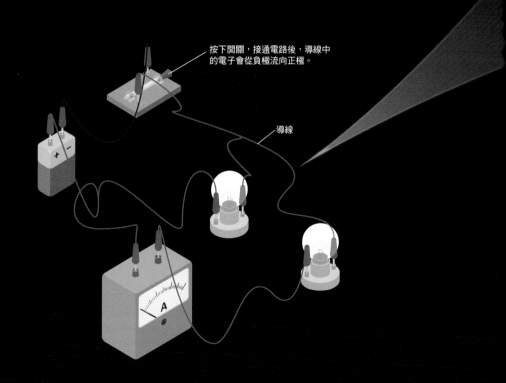

按下開關，接通電路後，導線中的電子會從負極流向正極。

導線

電流就是電子流

自由電子在銅線中從負極流向正極，
這股電子流就是「電流」，表示電流
大小的單位為安培。

金屬離子

自由電子

導線

關於電的定律

安培
[A]

1安培是1秒搬運1庫侖電量時的電流
大小。

電壓是「推動」電流的作用

電壓的單位是「伏特」（V）。

河水從高處往低處流，電流也是如此。只不過決定電流方向的「高低」並不是實際標高，而是「電位」的高低。「電位」是根據電路的位置帶來每單位電荷的能量，愈接近正極愈高。

某兩點之間的電位差稱為「電壓」，其單位是伏特。1伏特是指當1安培的電流流過導線所消耗的電力為1瓦特時，導線兩端的電位差。電壓愈高（電位差愈大），推動電流的作用也愈強。

那麼電壓又是如何產生的呢？產生電壓的裝置通常是電池或發電機。電池有正、負極，正極的電位較高。因此，若以電路連接兩邊的電極，電流就會從電位高的正極流向電位低的負極。

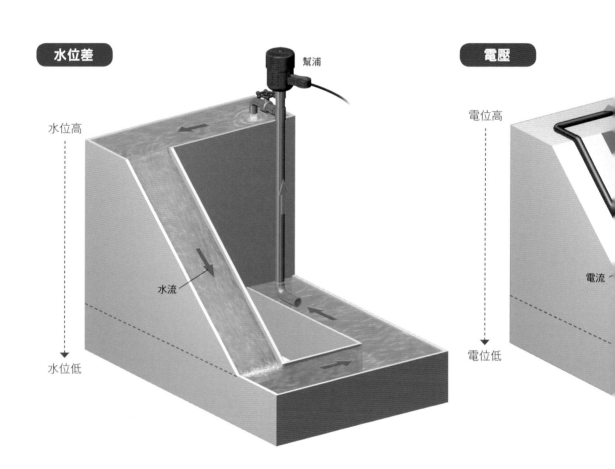

水位差

幫浦

水位高

水流

水位低

電壓

電位高

電流

電位低

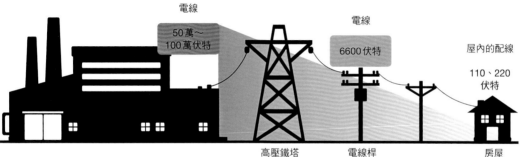

電線
50萬～
100萬伏特

電線
6600伏特

屋內的配線
110、220
伏特

高壓鐵塔　　　電線桿　　　房屋

從高壓到低壓送電

從海岸的火力發電廠或山邊的水力發電廠等處,將電送到用電戶距離很遠,因此為了長距離運送大量電力,一開始會先以高壓電輸送,而後逐漸降低電壓。輸送的電力相同時,高壓需要的電流較小,能減少送電過程中的電力損耗(「焦耳定律」第168頁)。不過,如果直接將高壓電送進家庭內相當危險,因此最後還是必須轉換成低壓。

將電力從發電廠送到變電所的電線,電壓約50萬～100萬伏特。輸送的電力在途中會經過多座變電所並降低電壓,或是將電提供給需要大量電力的工廠。住宅區常見的電線電壓為6600伏特。接著透過設置於電線桿上的變壓器,將電壓轉換成110或220伏特,再經由配電用的電線,將電送入一般家庭內。

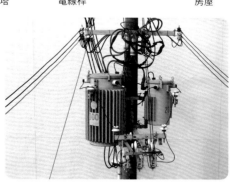

高

正極

電池

負極

由高至低

根據圖解,產生水位差的原動力是幫浦,而產生電位差的原動力則是電池或發電機。電流則會在拆下電池或電池老舊後停止。

伏特
[V]

1伏特是1安培電流流經導線所消耗的
電力為1瓦特時,導線兩端的電位差。

低

代表電流不容易通過程度的「歐姆」

歐姆（Ω）是電阻的單位，指的是電流「不容易通過的程度」。

金屬內的原子會不斷振動，溫度愈高則振動愈激烈。失去自由電子的金屬原子帶正電，這些帶正電的金屬原子振動時，會妨礙帶負電自由電子的移動。此時電子的部分動能會成為金屬原子振動所需的能量。這就是造成電流不容易通過的原因。

歐姆是由電流與電壓來定義，1歐姆為「當1安培直流電流過的導體內，某2點間電壓為1伏特時，此2點之間的電阻」。

與電阻相反，也有表示電流容易通過的程度的，稱為「電導」（electric conductance）。電導值是電阻的倒數，單位是西門子（siemens）。

電阻的公式與決定電阻值的要素

下列公式為「歐姆定律」（詳情見第166頁）。電流容易通過的程度依物質種類而異，例如電流不容易通過玻璃，卻容易通過金屬。此外，電阻的大小也會隨著溫度、物體長度、截面積等而改變。

$$電阻（Ω）= \frac{電壓（V）}{電流（A）}$$

物體溫度

溫度愈高，電阻值愈大（也有相反的情況）。

物質種類

自由電子愈多，電流愈容易通過。

物體截面積

截面積愈大，電阻值愈小。

物體長度

物體愈長，電阻值愈大。

送電時會產生電阻

圖為各式各樣的電纜。電阻值會隨著電纜的長度、粗細、材質而改變。舉例來說，發電廠輸送電力時，輸電線中也會因為電阻而發生電力損耗的情況。

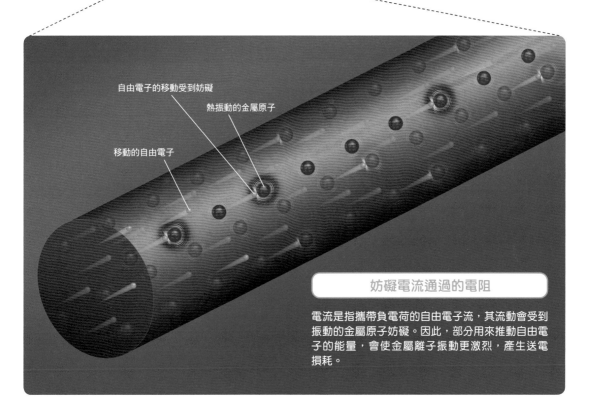

自由電子的移動受到妨礙

熱振動的金屬原子

移動的自由電子

妨礙電流通過的電阻

電流是指攜帶負電荷的自由電子流，其流動會受到振動的金屬原子妨礙。因此，部分用來推動自由電子的能量，會使金屬離子振動更激烈，產生送電損耗。

利用電阻發熱的家電

家電中也有利用電阻發熱的產品，發熱量隨著電流與電阻等比例增加。加熱物體時使用的電熱線，藉由使電流流過電阻大的鎳鉻合金（nichrome）線獲得較大的發熱量。

歐姆、西門子

[Ω]　　　[S]

1歐姆是當1安培直流電流過的導體內，某2點間電壓為1伏特時，此2點之間的電阻。電阻的倒數稱為電導，單位為西門子（歐姆的倒數）。

「瓦特」是表示作功效率的單位

家電產品上標示的「瓦特」（W）是指作功效率※的單位，代表每秒消耗多少焦耳的能量。1秒消耗1焦耳的能量為1瓦特。

瓦特的單位名稱來自以改良蒸汽機而聞名的蘇格蘭發明家瓦特（James Watt，1736～1819）。

舉例來說，100瓦特的燈泡能在1秒內，將100焦耳的電能轉換成光能與熱能。

瓦特的數值乘上使用時間（秒），便能求出消耗的能量，單位是焦耳。舉例來說，將微波爐調到1000瓦特使用1分鐘（60秒），消耗的能量就是6萬焦耳（60千焦耳）。

而瓦特的數值乘以使用時間（小時）所求出的消耗能量，單位為「瓦特小時」（Wh）。1瓦特小時是以1瓦特的功率作功1小時所消耗的能量。基本上，家庭使用的電費都是透過瓦特小時的值決定。

※物理學稱為「功率」。

「瓦特」也作為電力的單位表示

功率的單位「瓦特」（W）也會用在家電產品的電力單位上。電力可透過電壓（V）×電流（A）計算。電壓與電流愈大，轉動馬達或加熱物品等「作功」的能力愈強，但消耗的能量（電量）也較多。

電壓100V

300W

冰箱

電流3A

800W

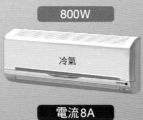

冷氣

電流8A

400W

洗衣機

電流4A

1天攝取的熱量
約2000大卡

約8368千焦耳

根據
1卡＝4.184焦耳
換算

能點亮100瓦特的燈泡
約23小時15分鐘

卡、焦耳與瓦特

我們1天從食物中攝取的熱量約2000大卡（8368千焦耳），相當於將每秒消耗100焦耳能量的100瓦燈泡，點亮約23小時15分鐘（幾乎是1天）。人類1天攝取的熱量，幾乎等同100瓦燈泡1天所消耗的能量。

1匹馬的功率為「馬力」

馬力是功率的單位，符號是「HP」（horsepower），公制與英制各有不同的定義。此單位是瓦特為了將蒸汽機的性能與馬匹比較所創造。

瓦特
[W]

1瓦特是1秒消耗1焦耳的能量功率。

將熱能轉換為功

蒸汽機是將蒸氣的熱能轉換成機械功的裝置。蒸汽火車以蒸汽機作為發動機。

表示電量的「庫侖」與靜電容的「法拉第」

電 中性的原子由質子與電子組成，質子帶正電，電子帶負電（左下圖）。原子構成的粒子等物體，其帶電量稱為「電荷」。電荷的單位是「庫侖」（C），來自發現「庫侖定律」的法國物理學家庫侖（Charles Coulomb，1736～1806）。

質子與電子的帶電量絕對值相同，都是 $1.602176634 \times 10^{-19}$ 庫侖（C），電量非常小。質子的值會加上正號，電子的值則加上負號。

儲存電的裝置稱為「電容」（capacitance）。

顯示電容可以儲存多少電量的量稱為「靜電容」。靜電容的量由儲存的電量除以電壓計算，單位是「法拉第」（F），源自於發現電磁感應現象的英國物理學家法拉第（Michael Faraday，1791～1867）。

1法拉第是給予1伏特的電壓時，儲存的電荷為1庫侖的靜電容。

原子的結構

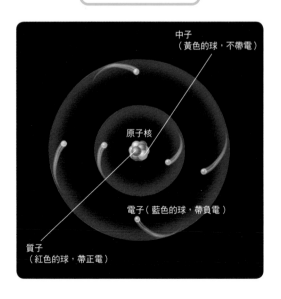

中子
（黃色的球，不帶電）

原子核

電子（藍色的球，帶負電）

質子
（紅色的球，帶正電）

專欄 COLUMN 什麼是電容？

電容是一種可以蓄電、放電的電子零件，用途相當廣泛。舉例來說，指紋感應器上就排列著電容。當手指靠近電容的電極時，各電極的靜電容會根據與手指表面凹凸之間的距離而產生細微變化，距離手指愈近，靜電容愈大。指紋感應器透過偵測此變化讀取指紋。（圖為陶瓷電容）

帶正電的導體A

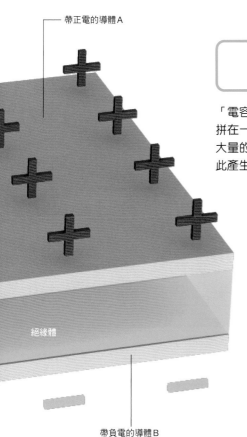

絕緣體

帶負電的導體B

電容的基本結構

「電容」是儲存電的裝置，由2片導體板面對面拼在一起，分別可儲存正電與負電。而為了儲存大量的電，在2片導體板間夾著絕緣體，利用藉此產生的電磁感應現象。

庫侖、法拉第
[C]　　　[F]

1庫侖是1安培的電流在1秒輸送的電量。1法拉第是給予1伏特的電壓時，儲存電荷為1庫侖的電容量。

「赫茲」是波在１秒內起伏的次數

頻率是波在１秒內起伏的次數。1960年作為國際單位制採用，單位是「赫茲」。

波會不斷反覆隨著最高的波峰與最低的波谷前進。而以每秒鐘起伏次數表示起伏的速度，稱為頻率。

我們身邊充滿了各式各樣的「波」。在水面上傳遞的漣漪是水波；耳朵聽見的「聲音」也是在空氣中傳遞的振動，稱為「聲波」；而光屬於電磁波的一種，也具有波的性質。

我們可以感覺到聲波與光波的頻率差異。例如聲音頻率愈高，聽起來就愈高亢。相差１個八度的音，頻率差了約２倍。而光的頻率差異則能讓我們感覺到不同的色彩。

至於電磁波除了包含眼睛看得到的「可見光」（visible light）之外，還包括紫外線、紅外線、無線電波等不同頻率的波。電磁波的波長愈長（頻率愈低），愈能越過障礙物傳遞到遠方，波長愈短則愈具有直線前進不擴散的傾向。我們能根據這些性質使用各式各樣的電磁波。

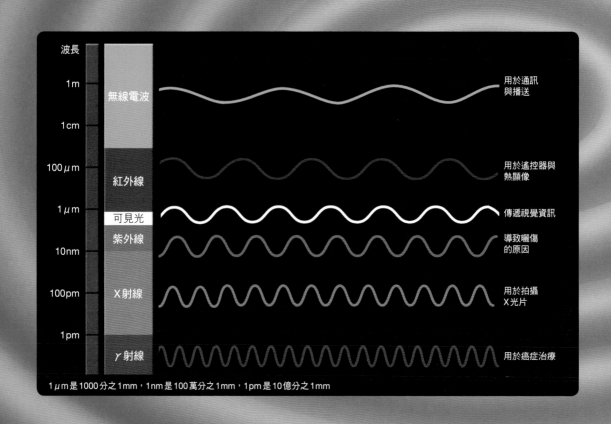

波長		
1m	無線電波	用於通訊與播送
1cm		
100μm	紅外線	用於遙控器與熱顯像
1μm	可見光	傳遞視覺資訊
	紫外線	導致曬傷的原因
10nm		
100pm	X射線	用於拍攝X光片
1pm		
	γ射線	用於癌症治療

1μm是1000分之1mm，1nm是100萬分之1mm，1pm是10億分之1mm

頻率代表「波振動的速度」

波的「起伏」根據以下「波的基本要素」決定。這些基本要素當中，頻率與波長最常用來表現波的特徵，因此透過波長與頻率表現的起伏方式便能知道波的性質。而將波長與頻率相乘可算出「波速」。

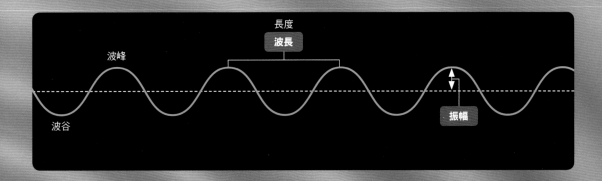

波的基本要素

週期	波的各點振動1次所需的時間，也是從波峰抵達下一個波峰所需的時間。與頻率具有倒數關係（週期＝1÷頻率）。
波長	波峰（最高處）與波峰之間的長度，也是波谷（最低處）與波谷之間的長度。
振幅	波振動的幅度。
頻率	也稱為「振動數」。波的各點每秒振動的次數，也是在1秒內通過某個點的波峰數。

赫茲
[Hz]

1赫茲是1秒振動的次數。

具有各種波長的電磁波

X射線、紫外線、無線電波等全都屬於「電磁波」，各自的波長都不同。

表現磁通量強度的「韋伯」
與磁通量密度的「特斯拉」

「磁場」（也可稱為磁通量密度）代表磁力的強度。

如果在磁鐵周圍撒上鐵砂，鐵砂會沿著「磁力線」排列。磁力線是空間各點磁場方向連成的線，從N極出發進入S極。磁力線最密集的地方，位於磁力較強的磁鐵兩端附近（磁極）。而磁力線形成的磁束稱為「磁通量」（magnetic flux）。

表現磁通量強度的單位是「韋伯」（Wb），其大小由下一頁的「電磁感應」現象定義。根據此定義，1韋伯是「在1秒內使磁通量變成0時，電動勢為1伏特時的磁通量大小」。

至於「特斯拉」（T），則是表現每單位面積有多少1韋伯的磁通量密度單位。1特斯拉的定義是「每1平方公尺與磁通量方向垂直的磁通量為1韋伯時的磁通量密度」。

專欄
COLUMN

高斯與特斯拉

磁通量密度的電磁單位，除了屬於國際單位制SI單位的特斯拉（T）之外，還有另一個單位為「高斯」（G）。高斯屬於CGS單位制。10000高斯＝1特斯拉。

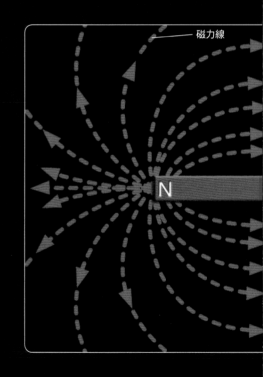

磁力線

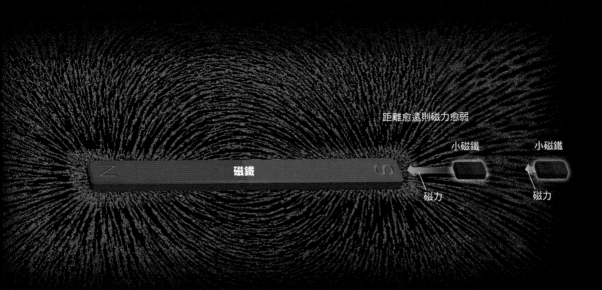

距離愈遠則磁力愈弱

磁鐵

S

小磁鐵

小磁鐵

磁力

磁力

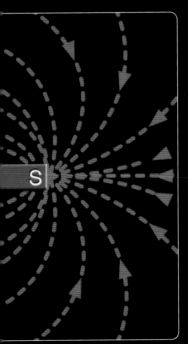

S

磁鐵與鐵砂形成的磁力線

左圖為磁鐵形成磁力線的示意圖。磁力線的方向一定
是從N極出發，最後進入S極。

韋伯、特斯拉
[Wb]　　[T]

1韋伯是磁通量在1秒間變成0時，產
生1伏特電動勢（一定的電壓）的磁
通量。1特斯拉是指每1平方公尺與磁
通量方向垂直的磁通量為1韋伯時的
磁通量密度。

電磁感應使用的單位 「亨利」

如 下圖所示，當磁鐵接近或遠離線圈時，線圈會產生電動勢，使電流通過（電動勢是產生電壓的能力，電池內也有，但這裡專指感應電動勢），此現象稱為「電磁感應」（electromagnetic induction）。發電廠就是運用此原理進行發電※（請見172頁）。

當通過線圈的電流改變時，貫穿線圈的磁通量也會隨之改變。如此一來，線圈周圍也會隨著磁場產生新的電動勢。而這個電動勢就會妨礙原本的電流方向，此現象稱為「自感」（self inductance）。

線圈產生的新電動勢，等於一（負）比例常數乘上（ $\frac{電流變化}{時間變化}$ ）。「一」符號代表電動勢朝著妨礙電流變化的方向作用。此公式的比例常數稱為該線圈的「自感」，以單位「亨利」（H）表示。

1亨利的定義是「當流過線圈的電流，以1秒鐘1安培的比例變化時，線圈產生的電動勢為1伏特的自感」。

※太陽能發電的原理則不同。

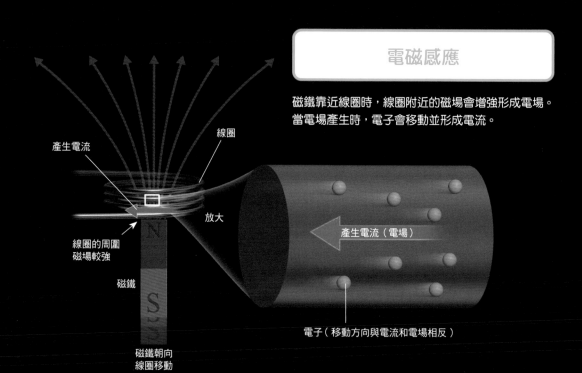

電磁感應

磁鐵靠近線圈時，線圈附近的磁場會增強形成電場。當電場產生時，電子會移動並形成電流。

產生電流

線圈

線圈的周圍
磁場較強

放大

磁鐵

產生電流（電場）

電子（移動方向與電流和電場相反）

磁鐵朝向
線圈移動

線圈形成磁場

線圈是將導線捲成圓筒狀。當電流流過線圈時，會產生與線圈圈數及電流強度乘積成正比的磁場。

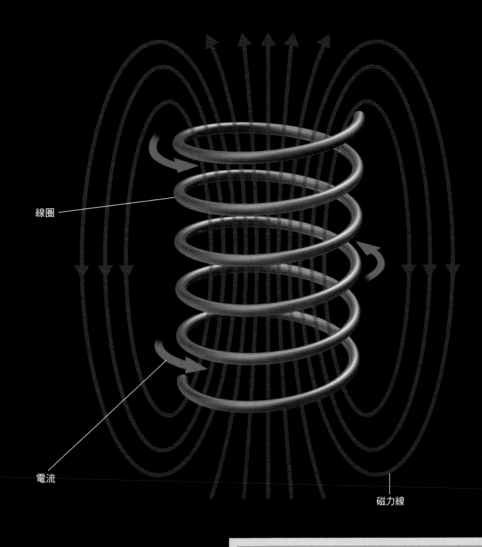

線圈

電流

磁力線

亨利
[H]

1亨利是流過線圈的電流以1秒鐘1安培的比例變化時，線圈產生的感應電動勢為1伏特的自感。

代表壓力強度的「帕斯卡」

壓力是指施加於單位面積的力量大小。如果力量相同，施加於窄小面積時的壓力，會比施壓於寬敞面積時更大。舉例來說，當腳被別人踩到時，即使力道相同，高跟鞋的細跟所施加的壓力會比寬底的帆布鞋更大，因此會覺得更痛。

國際單位制使用「帕斯卡」（Pa）作為壓力的單位。1帕斯卡指的是在1平方公尺的面積施加1牛頓（N）時的壓力。

壓力的單位符號來自法國物理學家帕斯卡（Blaise Pascal，1623～1662）。帕斯卡發現封閉在容器內的氣體壓力大小，無論在容器中的任一點都相等（詳情見第144頁）。

在氣象報告常聽到的氣壓單位「百帕」（hPa），是帕斯卡加上代表100倍詞頭的「hecto」而成。

壓力的單位和力的單位相同，會根據不同的領域而使用不一樣的單位，要小心不要混淆了。

壓力計

照片是測量汽車輪胎胎壓等的「空氣壓力計」。

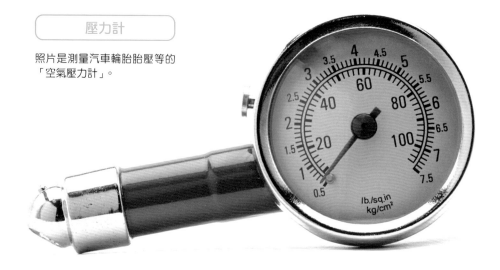

氣象報告使用的「氣壓」

氣象報告常聽到的「氣壓」是「大氣壓」，代表大氣的壓力。右邊的天氣圖中，寫著「L」的是低氣壓（高氣壓則為「H」）。環狀的封閉線條是「等壓線」，連結著氣壓相同的點。

以前使用的氣壓單位是「毫巴」（millibar），但現在國際上都已經通用「百帕」（hPa）。

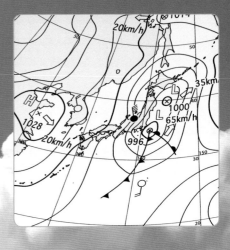

1百帕是什麼感覺

1百帕＝100帕斯卡，可以想像成在10平方公分的面積上，放一條小黃瓜時的重量（假設小黃瓜為100公克）。

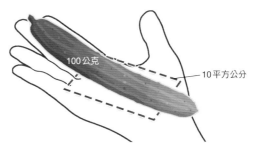

100公克

10平方公分

測量血壓不可缺少mmHg

一般的壓力單位是帕斯卡，但血壓則使用「毫米汞柱」（mmHg）作為單位。最早想出壓力測量方法的是義大利物理學家托里切利（Evangelista Torricelli，1608～1647）。托里切利使用水銀測量壓力，而毫米汞柱就是追溯到壓力測量起源所保留下來的單位。

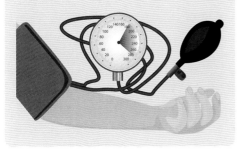

※1氣壓＝1013.25hPa，1mmHg＝760分之1氣壓

帕斯卡
[Pa]

1帕斯卡是在1平方公尺的面積施加1牛頓時的壓力。

COLUMN

代表地震大小的「地震規模」

傳達地震強度的尺度有2種，分別是「地震規模」（M）與「震度」。地震規模是顯示地震大小（能量）的尺度，震度則顯示地震為地表帶來的搖晃程度，而非顯示地震本身的大小。

即使地震的規模很大，在遠離震央後，震度依然會變小。反之，如果接近震源，即使規模小也會產生很大的震度，帶來嚴重的災害。

地震規模每增加1階段，能量就多約32倍

地震規模是美國地震學家芮克特（Charles Richter，1900～1985）提出的概念。地震規模（magnitude）取其字首M表示，未滿M5的地震被視為小地震或微小地震，幾乎不會造成災害。

但地震規模每增加1階段，能量就多32倍。因此超過M6的地震，能量會明顯增大。舉例來說，M8的地震強度不是M7的2倍，而是32倍，因此比M7多2階段的M9，強度約為M7的1000倍（32倍×32倍）。

一般而言，M6被分類為中度地震，M7被分類為大地震，超過M8是巨大地震，超過M9則被稱為超巨大地震。

而臺灣的氣象局有鑑於以前的震度級距間隔較寬，不利於區分災情，因此將震度研訂新分級，共分為7級，將震度5級、6級再分別細分為5弱與5強、6弱與6強。4級稱為中震，5級為強震，6級為烈震，7級則稱為劇震。使用氣象廳的計測震度計測量並發表。

搖晃程度的大小與地震的大小不同

即使顯示地震大小的地震規模值很大，只要遠離震央，搖晃程度也會變小。

震度
搖晃程度大小

地震規模
地震大小

氣象局的震度階級表

震度	狀況
3	屋內的人幾乎都能感覺到搖晃。
4	感到相當恐怖，部分的人考慮到自身的安全。睡著的人幾乎都會醒來。
5弱	多數的人會考慮到自身安全。感到行動受到妨礙。
5強	感到非常恐怖，多數人都會覺得行動受到妨礙。
6弱	連站立都有困難。
6強	無法站立，不趴下則無法行動。
7	跟著搖晃，無法憑自己的意志行動。

地震規模與地震能量

以球的體積比較地震的能量大小。地震的規模增加1階段，能量就多約32倍。此外，地震規模也有好幾種，日本通常使用Mj（日本氣象廳地震規模），國際上則使用Mw（地震矩規模）。311大地震時，日本氣象廳雖然發表了暫定值Mj8.4，但後來又發表了Mw計算值9.0。

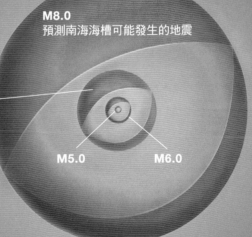

M9.0
日本東北311大地震
預測南亞板塊可能發生的地震

地震的能量：M9 ＝ M8×約32 ＝ M7×約1000

M8.0
預測南海海槽可能發生的地震

M7.0
阪神大地震
2016年熊本地震

M5.0

M6.0

6

光與聲音的單位

Units of light and sound

燭光是顯示光源亮度的單位

亮 度的國際單位是「燭光」（cd）。

過去亮度的單位是以蠟燭或瓦斯燈的亮度為制定標準，但是這個方法難以維持一定的亮度，因此在1948年，使用能從物體溫度導出理論亮度的「黑體輻射」（black body radiation）※制定出世界共通的亮度單位「燭光」。

燭光在1979年的定義根據「光在每單位時間傳遞的輻射能」（單位為瓦特[W]）制定，1燭光的定義是「放射出頻率540×10^{12}赫茲的光，且規定方向的放射強度為$\frac{1}{683}$Wsr^{-1}

（瓦特每球面度）光源，在該方向的亮度」。

此定義考慮到人類視覺感受到的「亮度刺激」大小，根據放射出人眼最容易感受到的綠光（頻率540×10^{12}赫茲）光源，在某段時間內，朝著某輻射角放射的光能量大小定義。

※黑體是指完全吸收所有波長輻射的假想物體。黑體輻射是白金凝固點溫度（1772℃）的黑體所發出的輻射。

曾做為基準的蠟燭

亮度最早的制定標準，採用「相當於幾根特定規格蠟燭發出的光」。燭光（candela）單位源自拉丁文中的「蠟燭」。

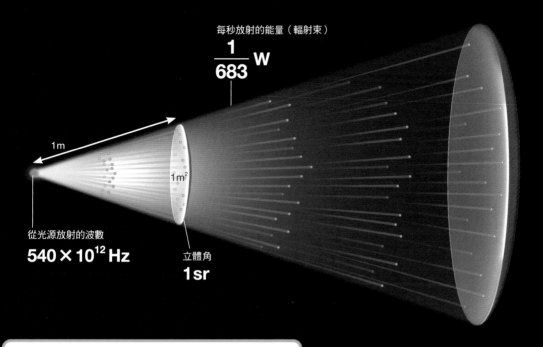

每秒放射的能量（輻射束）

$$\frac{1}{683} \text{W}$$

1m

1m²

從光源放射的波數

540×10^{12} Hz

立體角

1 sr

1 燭光

1 燭光是放射出人眼最容易感受到的光，頻率為540×10^{12}赫茲，且朝著每單位立體角（＝1球面度。若假定了圓錐狀的角度範圍，則在半頂角32.8度左右的圓錐內）以放射強度為683分之1瓦特方向放射出的光源，在該方向的亮度。

燭光
[cd]

1 燭光是放射出頻率540×10^{12}赫茲的光，且規定方向之放射強度為$\frac{1}{683}$ Wsr^{-1}（瓦特每球面度）的光源，在該方向的亮度。

明亮程度的單位為「流明」和「勒克斯」

前頁介紹的「燭光」是代表每單位立體角（1球面度）的光量單位。但即使放射的光量相同，朝著窄小角度放射的光源，其光量也較朝寬廣角度放射的光源大，以燭光來說，前者比較亮。

但在日常生活中，我們則更重視光源放射出的全部光量，跟光的放射角度較無關係，所以多數人對全部光量的單位較為熟悉。此單位稱為「光束」，代表對象光源的所有光量，其單位是「流明」（lm），會標示在燈泡或螢光燈上。

1流明的定義是「從1燭光（cd）的光源，朝著1球面度（sr）內放射的光束（cd·sr）」。

此外，光源照射在某個平面時的亮度稱為「照度」，使用的單位是「勒克斯」（lx）。1勒克斯的定義是「1流明的光束，平均照射在1平方公尺平面時的照度」。

| 光束 | 流明 |

| 亮度 | 燭光 |

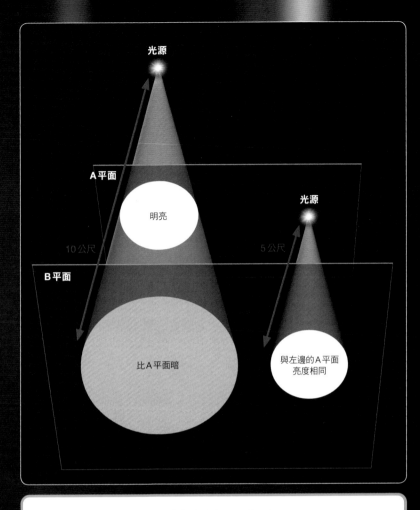

光源

A平面

明亮

光源

10公尺

5公尺

B平面

比A平面暗

與左邊的A平面
亮度相同

距離愈遠則愈暗

上圖為亮度與照度的關係。若光源強度相同，左邊的光與光源的距離是右邊的2倍。當與光源的距離變成2倍時，光照射的面積為其平方，也就是2的平方為4倍，因此該平面的單位面積亮度變成4分之1。

流明、勒克斯
[lm]　　[lx]

1流明是1燭光的光源朝著1球面角放射的光束。1勒克斯是1流明的光束朝1平方公尺的平面平均照射的照度。

照度	勒克斯

1等星的亮度約為6等星的100倍

星等是由古希臘天文學家喜帕恰斯（Hipparchos，約前190～約前125）定義，他將夜空中最明亮的星體定為1等星，晴朗夜空勉強能看見的暗星定為6等星。星等愈小的星體愈亮，星等愈大的星體則愈暗。

喜帕恰斯是透過感覺決定星等。然而，到了19世紀時，英國天文學家普森（Norman Pogson，1829～1891）定義「100倍的亮度差5等級」。他根據觀測發現，1等星的平均亮度約為6等星平均亮度的100倍。

這種憑肉眼看見的亮度差距稱為「目視星等」（visual magnitude），但終究只是看起來的亮度，沒有考慮到地球與該星體的距離。如果想要知道實際亮度，則必須考慮「絕對星等」（absolute magnitude）。絕對星等是藉由將所有星體擺在與地球相同距離（10秒差距＝32.6光年）時的星等變化。例如目視星等-26.8等的太陽，換算成絕對星等則為4.8等。

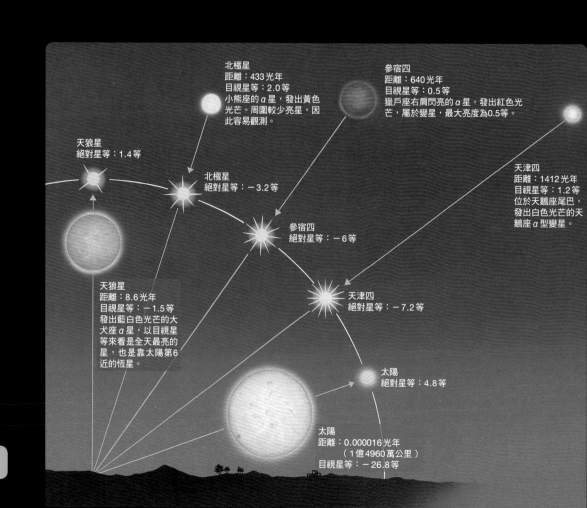

北極星
距離：433光年
目視星等：2.0等
小熊座的α星，發出黃色光芒。周圍較少亮星，因此容易觀測。

參宿四
距離：640光年
目視星等：0.5等
獵戶座右肩閃亮的α星。發出紅色光芒，屬於變星，最大亮度為0.5等。

天狼星
絕對星等：1.4等

北極星
絕對星等：－3.2等

天津四
距離：1412光年
目視星等：1.2等
位於天鵝座尾巴，發出白色光芒的天鵝座α型變星。

參宿四
絕對星等：－6等

天狼星
距離：8.6光年
目視星等：－1.5等
發出藍白色光芒的大犬座α星，以目視星等來看是全天最亮的星，也是靠太陽第6近的恆星。

天津四
絕對星等：－7.2等

太陽
絕對星等：4.8等

太陽
距離：0.000016光年
（1億4960萬公里）
目視星等：－26.8等

1等星的亮度	2等星的亮度	3等星的亮度
6等星的100倍	6等星的約39.8倍	6等星的約15.9倍

4等星的亮度	5等星的亮度	6等星的亮度
6等星的約6.3倍	6等星的約2.5倍	

比較星等與亮度

用光點的數量代表星等的亮度差。

目視星等與絕對星等

距離小於32.6光年的星體,其絕對星等會比目視星等更大(更暗),反之較遠的星體,絕對星等則比目視星等小(較亮)。

目視星等	從地球觀測的亮度
絕對星等	將星體擺在32.6光年外觀測的亮度

星等

1等級的亮度差約為2.5倍。

表示聲壓變化的「分貝」

「分貝」（dB）是表示聲壓大小的單位。聲音的來源是空氣的振動，空氣的振動愈強，人耳聽見的聲音愈大。而現在已知人耳能聽見的最小音量，約相當於空氣振動強度（聲壓）的 10^{-5}Pa（壓力單位＝帕斯卡）。

聲壓的數值如圖所示，從微小到響亮之間有非常大的變化。舉例來說，普通對話聲音

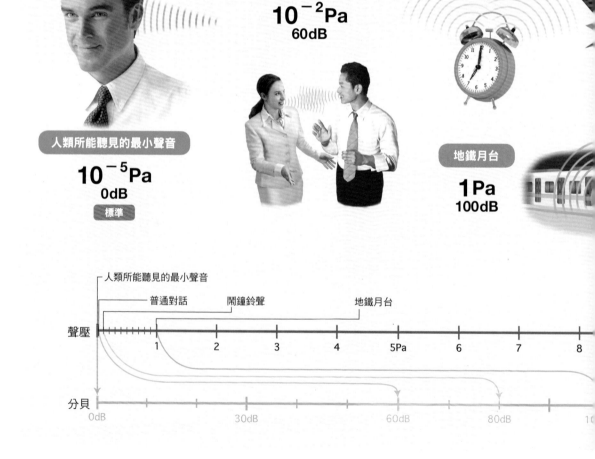

鬧鐘鈴聲
10^{-1}Pa
80dB

普通對話
10^{-2}Pa
60dB

人類所能聽見的最小聲音
10^{-5}Pa
0dB
標準

地鐵月台
1Pa
100dB

的聲壓大約為10^{-2}Pa，與人耳所能聽見的聲音相比，數值大了約1000倍。因此，若是直接把聲壓的數值作為音量的指標並不方便。為了更接近人類體感而設定的音量，則稱為分貝。

大致來說，分貝顯示的是聲音大小帶來的聲壓「位數」變化程度。聲壓變成10倍，分貝的數值就會增加20，變成100倍就會增加40，變成1000倍就會增加60。換句話說，聲壓每增加1位數，分貝值就會增加20。

使用分貝就能以清楚易懂的數值表現音量，例如人類所能聽見的最小聲音為0dB，噴射機引擎的聲音約為120dB等。

「分貝」是源自於「貝」（Ｂ），而「分」（deci）則代表$\frac{1}{10}$。單位名稱來自美國的技術人員貝爾（Alexander Graham Bell，1847～1922）。

> 使用分貝能以清楚
> 易懂的數值表現音量

聲壓每多1位數，分貝值就增加20。

噴射機的引擎噪音

10Pa
120dB

噴射機的引擎噪音

10Pa

120dB

分貝
[dB]

分貝是$\frac{p}{p^0}=10^{x/20}$時x的值。
※p是欲知音量的聲壓，p^0則是人類能夠聽見的最小聲壓。

「Do Re Mi Fa So La Si Do」是1個八度

八度（octave）在拉丁文中是「第8個」的意思。1個八度是指「從某個音到完整音階※的第8個音」，以鋼琴的鍵盤為例，就是從「Do」到下一個「Do」。

聲音以振動空氣的波傳遞（102頁）。換句話說，音高的變化就是頻率的變化。舉例來說，低音「Do」與高音「Do」的頻率剛好相差一倍。例如某個「Do」的頻率是261赫茲，高1個八度的「Do」就是522赫茲。

有些聲樂家的音域可以超過5個八度，但一般認為以人類的平均音域來說，女性大約只有1個八度到1個八度半。

不過，「音域」有時用來指聲音的高低範圍，有時也作為根據音質等區分的音域（音區）使用，例如女高音、女低音、男高音、男低音等。

※代表全音音階。1個八度可分成5個全音與2個半音。

女性的音域
約為1～1.5個八度

據說女性的平均音域約為1～1.5個八度。音域分成「生理音域」與「聲樂音域」，生理音域也包含怪聲，因此幅度比聲樂音域更大。

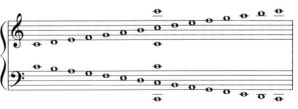

1個八度

1個八度指的是從某個音到第8個音。樂譜上常見的CDEFGABC是音名。

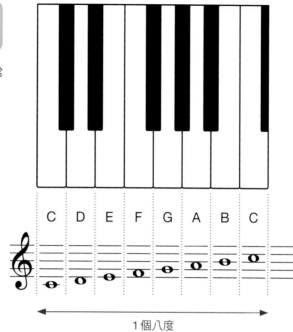

1個八度

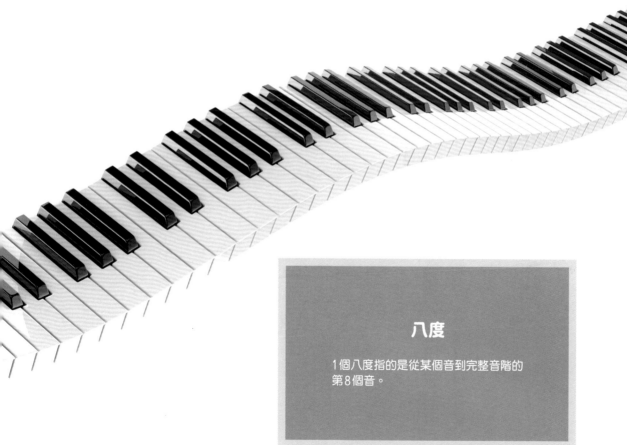

八度

1個八度指的是從某個音到完整音階的第8個音。

COLUMN

三個與輻射能有關的
不同單位

與輻射能有關的單位包含「貝克勒」(Bq)、「戈雷」(Gy)、「西弗」(Sv)。

貝克勒是輻射能的「強度」單位。輻射能是當放射性物質的原子核衰變時,釋放出放射線的能力。1貝克勒是指定量的放射性物質中,每秒有1個的原子衰變。

戈雷是「吸收劑量」的單位,代表周遭物體吸收了多少放射線能量。1戈雷指的是1公斤的物質吸收1焦耳的劑量。

西弗則是「等效劑量」的單位,用來測量放射線對生物的影響。由於放射線對生物的影響,無法只靠其吸收的量決定,因此等效劑量必須依靠吸收劑量乘上根據放射線種類制定的係數求出。

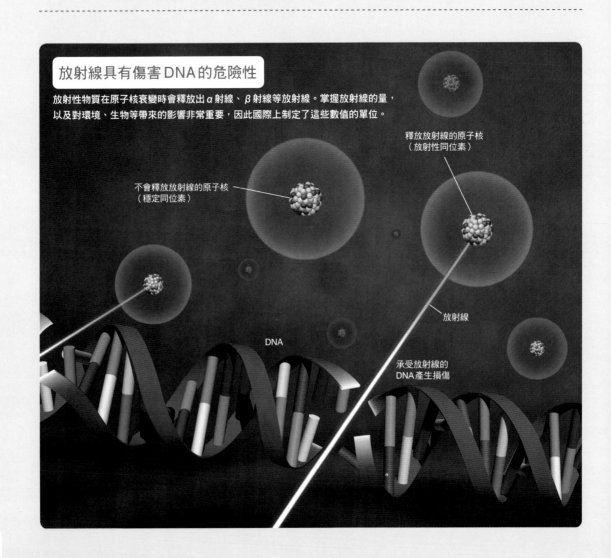

放射線具有傷害 DNA 的危險性

放射性物質在原子核衰變時會釋放出 α 射線、β 射線等放射線。掌握放射線的量,以及對環境、生物等帶來的影響非常重要,因此國際上制定了這些數值的單位。

不會釋放放射線的原子核
（穩定同位素）

釋放放射線的原子核
（放射性同位素）

放射線

DNA

承受放射線的
DNA 產生損傷

3個單位

有3個關於放射線的單位，各自
配合不同目的使用。

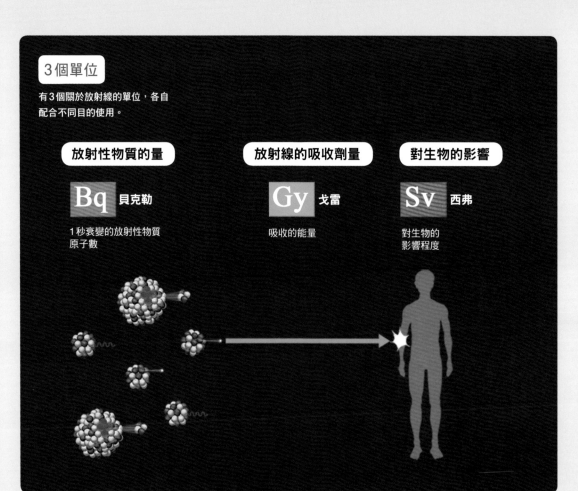

放射性物質的量

Bq 貝克勒

1秒衰變的放射性物質
原子數

放射線的吸收劑量

Gy 戈雷

吸收的能量

對生物的影響

Sv 西弗

對生物的
影響程度

以「貝克勒」表示

貝克勒通常以單位面積、體積、質量，
西弗則通常以單位時間表示。

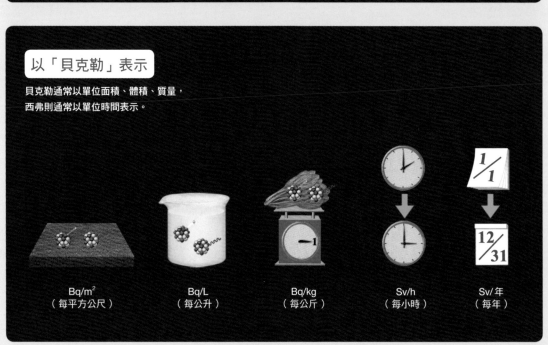

Bq/m²
（每平方公尺）

Bq/L
（每公升）

Bq/kg
（每公斤）

Sv/h
（每小時）

Sv/年
（每年）

7

解釋身邊現象的定律

Laws yielding explanation of familiar phenomena

制定單位時使用的「定律」

在前面的章節中可以發現，國際單位（SI）是根據各式各樣的定律所制定。為了弄懂單位的定義，必須理解這些定律的詳細內容。

大家在求學階段時，應該都有學過「槓桿原理」、「萬有引力定律」等，以「原理」及「定律」命名的知識吧？

「原理」是指事物及事象的根本法則。例如「光速不變原理」就是指光（在真空中）永遠速度恆定的原理。而「定律」一般則是用來表現「原理」的關係式。

「原則」則是奠定原理或定律時所默認的狀況，雖然沒有原理強烈，其成立卻被視為理所當然。至於「定理」是指透過定律導出具體物理量之間的關係式。只要承認定律的正確性，就能利用由此導出的關係證明。反之，倘若在實驗中發現不滿足定理的案例，有可能是實驗不夠周全，或有缺乏考量之處，甚至也可能是導出定理的定律錯誤。

接下來將介紹各式各樣的定律、原理、定理等。

原理及定律是人類發現的「規則」

原理及定律是用來說明、預測自然界各種現象的知識，屬於人類發現的規則。

※不過這些只是說明傾向，實際使用的名詞取決於提出者的想法與提出時的狀況。

原 理
事物與現象的根本法則

定 律
表現物理量與關係性的公式

原 則
奠定原理與定律時，可視為理所當然的狀況

$$0 = mv + MV$$

$$ma = F$$

$$E = mc^2$$

$$F = kx$$

$$V = RI$$

$$F_G = G\frac{m_1 m_2}{r^2}$$

定 理

讓定律更具體的
關係式

力與力
能夠相加

力 的量不只大小，還有方向。同時具備大小與方向的量稱為「向量」（vector）。

向量以箭頭表示，箭頭的長度代表「大小」，箭頭的方向則代表「方向」。

施加於一個物體的力不只一種，因此可以將兩股力道的向量合成（相加），求出「合力」。以右頁圖示為例，B車與C車利用鋼索牽引A車時，A車會朝著合力的方向（右邊）移動。若以兩股力道的箭頭為2邊，畫出平行四邊形，再拉出對角線，這條對角線就是合力的箭頭。

上述合成向量的方法稱為「平行四邊形定律」。

一般相加兩個箭頭的方法

兩股力道的箭頭相加時，首先將兩個箭頭（第1個箭頭與第2個箭頭：綠色的箭頭）的起點（箭頭的後端）對齊。以箭頭為2邊畫出平行四邊形，並在對角線畫出新的箭頭，此新箭頭就是兩箭頭的和。

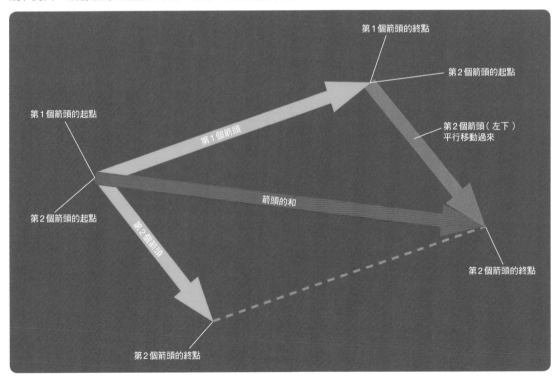

第1個箭頭的終點

第2個箭頭的起點

第1個箭頭的起點

第2個箭頭（左下）平行移動過來

第1個箭頭

第2個箭頭的起點

箭頭的和

第2個箭頭

第2個箭頭的終點

第2個箭頭的終點

兩股力道的合力能成為平行四邊形的對角線

以兩股力道的箭頭作為2邊畫出平行四邊形，其對角線為合力。如下圖所示，即使兩股力道的箭頭的大小與方向不同，還是能夠以同樣的方式求出合力。

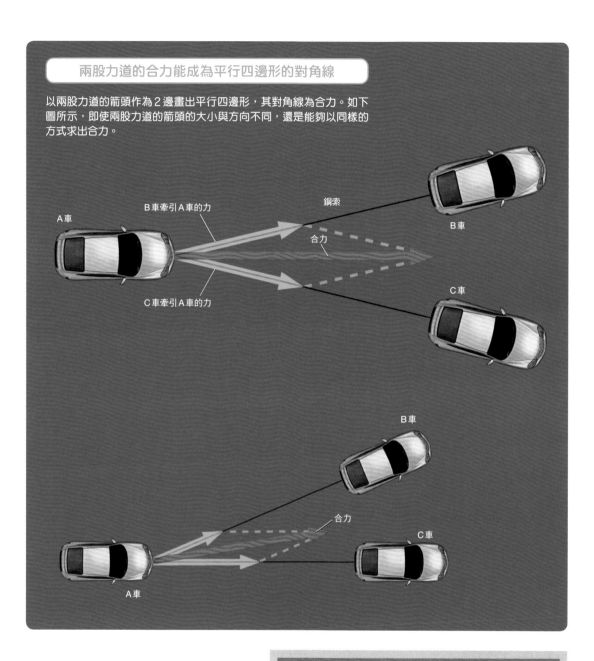

A車
B車牽引A車的力
鋼索
B車
合力
C車牽引A車的力
C車

B車
合力
C車
A車

力
與
平
行
四
邊
形
定
律

力的平行四邊形定律

以兩股力道為兩邊畫出平行四邊形，能合成出以其對角線顯示的力。此外，一股力也能分解成以其為對角線的平行四邊形分出兩邊的力。

彈簧試圖恢復原狀的力與其伸長或收縮量成正比

拉 長或壓縮彈簧時，彈簧會試圖恢復為原本的長度。這股試圖恢復的力稱為「彈力」。

下圖是考慮彈簧懸掛砝碼而伸長的情形。力的大小與砝碼施加給彈簧的力相等，彈力的大小則與彈簧的伸長量或收縮量成正比[※]。換句話說，彈簧拉伸愈長，或收縮愈短，代表彈力愈大。

此關係是英國物理學家虎克（Robert Hooke，1635～1703）於1660年發現，稱為「虎克定律」（Hooke's law）。「彈簧秤」（右圖）即是虎克定律的應用。可透過彈簧的伸長量得知作用於彈簧的力道大小。

※伸長或收縮量不超過一定限度的情況。

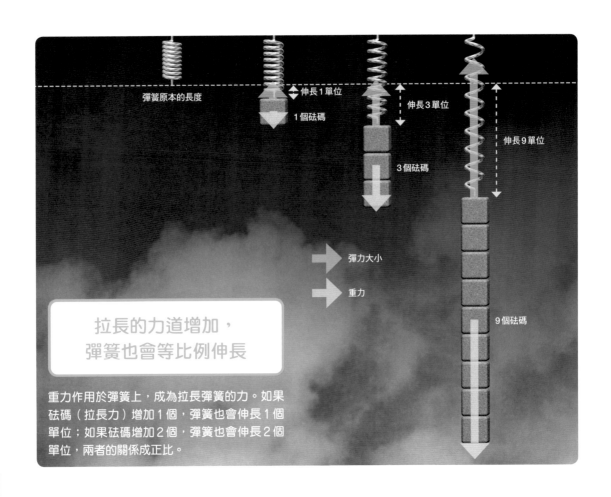

彈簧原本的長度

伸長1單位

1個砝碼

伸長3單位

3個砝碼

伸長9單位

彈力大小

重力

9個砝碼

拉長的力道增加，彈簧也會等比例伸長

重力作用於彈簧上，成為拉長彈簧的力。如果砝碼（拉長力）增加1個，彈簧也會伸長1個單位；如果砝碼增加2個，彈簧也會伸長2個單位，兩者的關係成正比。

什麼是彈力？

彈簧會伸縮。雖然施力（下圖的力來自球）時彈簧會伸長或收縮，但只要力道消失，彈簧就會恢復原狀，此特性稱為「彈性」。

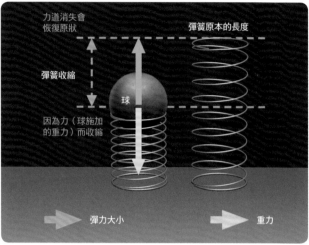

力道消失會恢復原狀

彈簧原本的長度

彈簧收縮

球

因為力（球施加的重力）而收縮

彈力大小　　　　重力

$$F=kx$$

彈力＝彈性係數 × 伸縮量

F：彈力（單位N：牛頓）
k：彈性係數（單位N/m）⋯彈簧的固有值
x：從自然長度伸縮的量（單位m：公尺）

虎克定律

$$F=kx$$

彈力的大小與彈簧的伸長量或收縮量成正比。

掉落的速度與
重力無關

想 像沉重的鐵球與輕巧的木球從相同高度掉落，哪一個會先掉到地上呢？

關於這個問題，古希臘的亞里斯多德（Aristotle，約前384～約前322）認為「愈重的物體掉落速度愈快」。但到了16世紀，義大利科學家伽利略（Galileo Galilei，1564～1642）卻對此想法提出質疑。

伽利略嘗試研究物體掉落的狀況，但由於垂直掉落的物體（落體）速度太快，難以測量每單位時間掉落的距離，於是他利用從斜面滾下的球進行研究。

伽利略透過實驗的結果發現「物體掉落的距離與經過時間的平方成正比」，他也發現此定律即使在任何角度的斜面也都成立。他將此定律稱為「自由落體定律」。

此外，無論重量（質量）多寡，物體掉落的狀況也都相同。只要沒有空氣阻力，無論是輕巧的羽毛球或沉重的鐵球，掉落速度都相同。

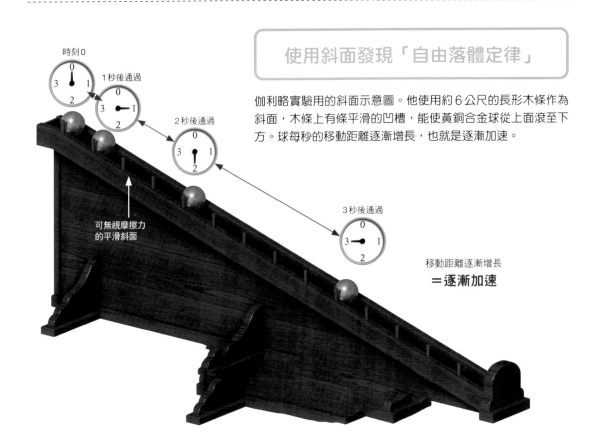

時刻0
1秒後通過
2秒後通過
3秒後通過

可無視摩擦力的平滑斜面

移動距離逐漸增長
＝逐漸加速

使用斜面發現「自由落體定律」

伽利略實驗用的斜面示意圖。他使用約6公尺的長形木條作為斜面，木條上有條平滑的凹槽，能使黃銅合金球從上面滾至下方。球每秒的移動距離逐漸增長，也就是逐漸加速。

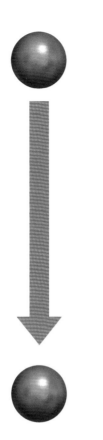

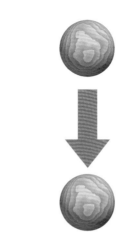

重和輕的物體
哪個先掉落？

亞里斯多德認為「愈重的物體掉落速度愈快」，長久
以來人們也相信此想法。但伽利略卻主張「無論是重
或輕的物體，都應該以同樣速度掉落」。

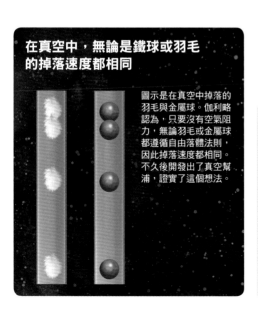

在真空中，無論是鐵球或羽毛的掉落速度都相同

圖示是在真空中掉落的羽毛與金屬球。伽利略認為，只要沒有空氣阻力，無論羽毛或金屬球都遵循自由落體法則，因此掉落速度都相同。不久後開發出了真空幫浦，證實了這個想法。

自由落體定律
物體掉落的距離 $= \frac{1}{2}gt^2$
（垂直掉落時）

物體掉落的距離與經過時間的平方成正比。
g：速度在1秒間增加的比例（重力加速度）
t：時間（單位s：秒）

如果沒有「摩擦力」 冰箱會不斷前進

「只要沒有持續受力,物體就會停止移動」,這句話看似符合日常生活。但在冰壺比賽中,於光滑的冰面滑動冰壺又會如何呢?

在這種情況下,即使冰壺離開手,變成沒有受力的狀態,也會持續移動,不容易停下來。此現象看似違反上述的「常識」。

事實上,物體只要沒有承受其他的力,其運動方向與速度原本就不應該改變。但實際上,在冰上滑動的冰壺終究會停止移動,這是因為冰面與冰壺之間的微小摩擦力發揮作用,妨礙冰壺的移動。

如果在完全沒有摩擦力作用的條件下推動冰箱或冰壺,只要不受力,兩者都會以一定的速度不斷直線前進,這就是「慣性定律」,由義大利科學家伽利略等人發現。此外,慣性定律也說明,靜止的物體如果沒有承受其他的力,便會維持靜止的狀態。

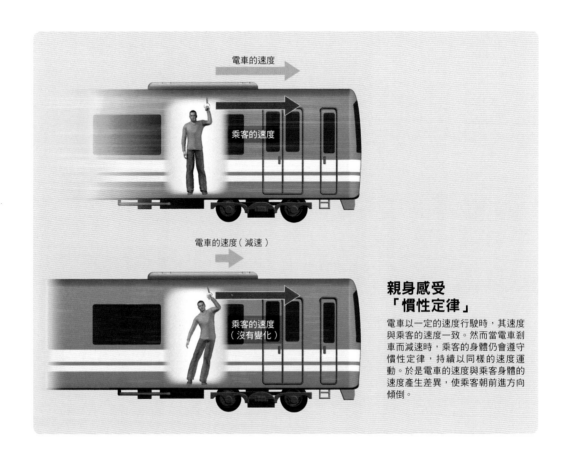

電車的速度

乘客的速度

電車的速度(減速)

乘客的速度
(沒有變化)

親身感受 「慣性定律」

電車以一定的速度行駛時,其速度與乘客的速度一致。然而當電車剎車而減速時,乘客的身體仍會遵守慣性定律,持續以同樣的速度運動。於是電車的速度與乘客身體的速度產生差異,使乘客朝前進方向傾倒。

摩擦力使冰箱停止滑動

不只冰面與冰壺之間，摩擦力也會在地板與冰箱等各種平面作用。地板與冰箱之間的摩擦力較大，因此只要推動冰箱的力消失，冰箱就會立刻停止移動。

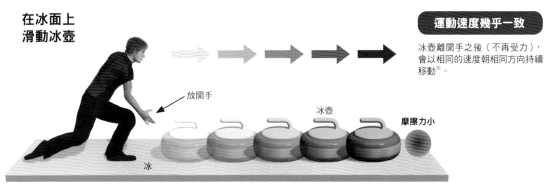

在冰面上滑動冰壺

放開手

冰壺

冰

摩擦力小

運動速度幾乎一致

冰壺離開手之後（不再受力），會以相同的速度朝相同方向持續移動※。

※現實生活中，由於冰面與冰壺之間具有摩擦力，而且也會與空氣阻力等作用，冰壺終究會停止。

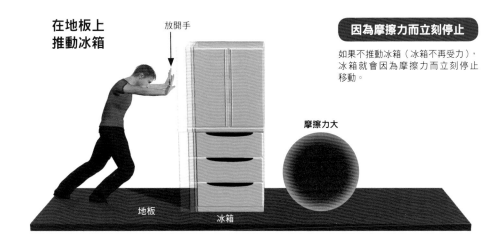

在地板上推動冰箱

放開手

地板

冰箱

摩擦力大

因為摩擦力而立刻停止

如果不推動冰箱（冰箱不再受力），冰箱就會因為摩擦力而立刻停止移動。

慣性定律

物體只要不受外力作用，就會持續靜止或以等速度移動。

用拳頭捶打牆壁會痛，是因為手也承受來自牆壁的力

如果用拳頭捶打牆壁，捶打牆壁的手也會感到疼痛。這是因為拳頭對牆壁施力（作用力）的同時，牆壁也對拳頭施加相同大小的力（反作用力）。讀者或許會覺得有點意外，但捶打的一方也必定會承受與被捶打的一方同樣大小的力。

這個關係無論在什麼樣的狀況、施加多大的力都成立。換句話說，「物體 A 對物體 B 施力（作用力）時，物體 B 也對物體 A 施加大小相等，方向相反的力（反作用力）」，稱為「作用力與反作用力定律」。施力方與受力方永遠都是「對等」的。

游泳轉身

透過踢牆壁的反作用力轉換方向。

反作用力
牆壁推人的力

作用力
人推牆壁的力

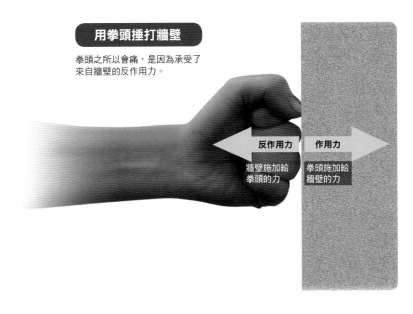

用拳頭捶打牆壁

拳頭之所以會痛，是因為承受了
來自牆壁的反作用力。

反作用力
牆壁施加給
拳頭的力

作用力
拳頭施加給
牆壁的力

任何力都必定存在反作用力

不只步行，我們在生活中的移動通常也都是利用了反作用力。舉例來說，游泳轉身時
會用力踢牆壁，此時游泳者雖然對牆壁施力，但同時也承受了來自牆壁的「反作用
力」，並且藉由這股反作用力，讓游泳者能夠勢如破竹地前進。

步行

靠著踩踢地面的反作用力前進。
而這股力的真相就是腳底與地面
之間生成的「力」。冰面與潮濕
的道路之所以難以行走，就是因
為摩擦力較小。

反作用力

作用力

地面推人的力（摩擦力）

人踩踢地面的力

作用力與反作用力定律

某物體對其他物體施加作用力時，也
會承受大小相等、方向相反的反作
用力。

用微小的力移動沉重物體的「槓桿原理」

只要應用槓桿原理，就能以微小的力移動沉重的物體，或是將小幅度的移動放大。發現這個原理的是古希臘的阿基米德（Archimedes，約前287～約前212），相傳他曾說過：「給我一根棍子和一個『支點』，我將舉起地球。」

在槓桿原理中，作為移動旋轉軸的點稱為「支點」。想要舉起沉重的物體時，支點的位置需盡量靠近物體。以右頁插圖為例，如果將人施力的點（施力點）到支點的距離，設定為從支點到移動物體（受力點）距離的5倍，推動板子的力道只需要5分之1就能舉起地球儀。

讀者或許會認為只需要運用槓桿原理，就能以微小的力道輕鬆舉起沉重的物體，但實則不然。施加的力道愈弱，持續施力的距離則愈長。以右頁的插圖為例，木板下壓的幅度必須是將地球儀抬起距離的5倍。

換句話說，即使能運用槓桿原理舉起沉重的物體，或產生大幅度的移動，人類施加的能量依然與直接移動的情況相同。

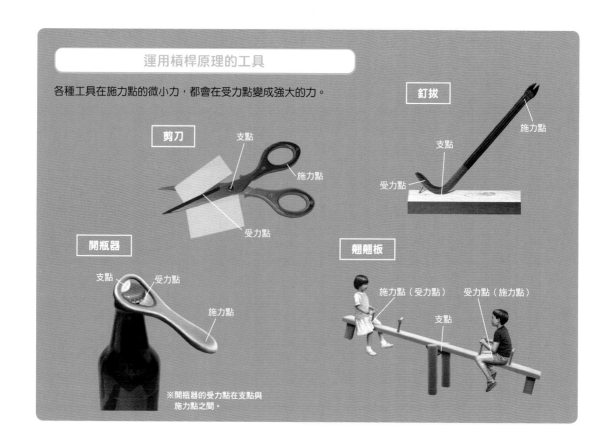

運用槓桿原理的工具

各種工具在施力點的微小力，都會在受力點變成強大的力。

剪刀　支點　施力點　受力點

釘拔　施力點　支點　受力點

開瓶器　支點　受力點　施力點
※開瓶器的受力點在支點與施力點之間。

翹翹板　施力點（受力點）　受力點（施力點）　支點

槓
桿
原
理

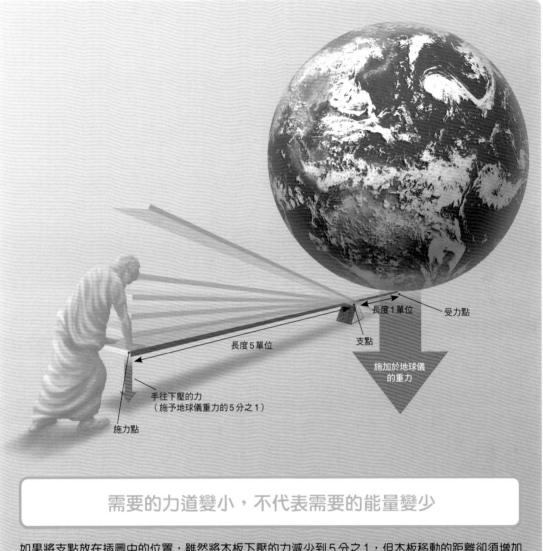

長度1單位　受力點

支點

施加於地球儀
的重力

長度5單位

手往下壓的力
（施予地球儀重力的5分之1）

施力點

需要的力道變小，不代表需要的能量變少

如果將支點放在插圖中的位置，雖然將木板下壓的力減少到5分之1，但木板移動的距離卻須增加為5倍。舉例來說，如果想在受力點將地球儀移動20公分，在施力點就必須將木板下壓1公尺。

槓桿原理

〔施加於施力點的力〕×〔施力點移動
的距離〕＝〔施加於受力點的力〕×
〔受力點移動的距離〕

浮力大小與排出的
水重相同

浮力是液體（或氣體）將放入其中的物體往上托的力，水中的物體就承受著來自四面八方的水壓。當物體由上往下壓的水壓，小於在更深之處將物體由下往上壓的水壓，這兩者的壓力差距就是「浮力」。

浮力的大小其實與物體沉入水中時所排出的水重是相同的，稱之為「阿基米德原理」（Archimedes' principle）。該名稱來自希臘數學家阿基米德。

浮在水中的靜止物體，浮力已與該物體的重量互相抵消。因此阿基米德原理顯示了浮在水中的物體重量，等於物體排出的水重。

$$F = \rho V g$$

浮力＝流體密度×排出的流體體積×重力加速度

F：浮力（單位N：牛頓）
ρ：流體密度（單位 kg/m^3）
V：排出的流體體積（m^3）
g：重力加速度（單位 m/s^2）

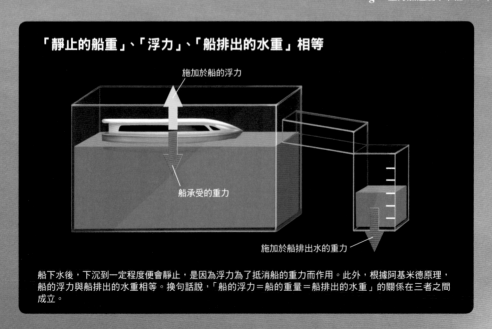

「靜止的船重」、「浮力」、「船排出的水重」相等

施加於船的浮力

船承受的重力

施加於船排出水的重力

船下水後，下沉到一定程度便會靜止，是因為浮力為了抵消船的重力而作用。此外，根據阿基米德原理，船的浮力與船排出的水重相等。換句話說，「船的浮力＝船的重量＝船排出的水重」的關係在三者之間成立。

阿基米德發現浮力

相傳阿基米德發現浮力的契機是「黃金王冠」。敘拉古（位於現在西西里島的都市）的國王訂做黃金王冠時，出現「工匠想透過在王冠裡混合雜質以私吞黃金」的傳聞。於是國王命令阿基米德「在不損傷王冠的情況下，調查裡面是否混和了雜質」。在思考調查方法時，阿基米德偶然在泡澡時發現「自己泡入澡盆時，會溢出體積相同的熱水」。換句話說，只要材質與重量都相同，體積應該也會一樣。這個發現讓他太過雀躍，開心到裸體從澡盆裡跳出來，一邊喊著「我發現了！（Eureka）」一邊奔跑的故事非常有名。

阿基米德原理

$$F = \rho V g$$

施加於物體的浮力（F）大小與物體排出的流體重量（$\rho V g$）相等。

任何點上壓力都一致的「帕斯卡原理」

法 國科學家帕斯卡（Blaise Pascal，1623～1662）發現，封閉於容器內的氣體壓力大小，在容器中的任何點都相等[※]。即使是甜甜圈狀的輪胎，所有點也都受到同樣的壓力作用。

假設從外側壓扁吹飽的氣球，此時空氣壓力上升的不只有被壓下的位置，而會傳達到內部所有氣體，使壓力立刻平均分配。換句話說，壓力平均施加在所有點上，稱為「帕斯卡原理」（Pascal's principle）。

帕斯卡原理也適用於靜止的液體（右下插圖），下圖則是簡化的油壓剎車。兩者的力互相抵消，也可說是「用輕的重錘支撐重的重錘」，類似用較小的力道舉起沉重岩石的「槓桿原理」。因此帕斯卡原理也被稱為「液體的槓桿原理」或「氣體的槓桿原理」。

[※]氣體靜止不流動的情況。

放大微小的力

若推動截面積小的活塞，放大的力會施加到截面積較大的活塞上。如果大活塞的截面積是小活塞的 4 倍，推動小活塞的距離就必須是想要推動大活塞其距離的 4 倍。

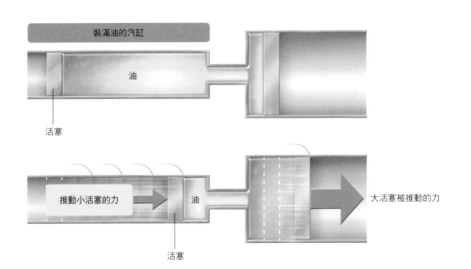

裝滿油的汽缸

油

活塞

推動小活塞的力

油

大活塞被推動的力

活塞

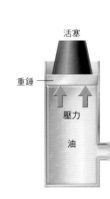

活塞

重錘

壓力

油

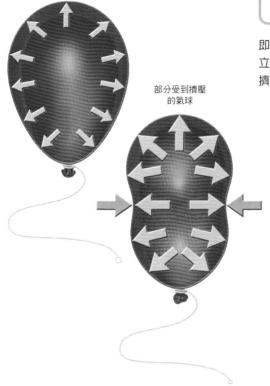

吹飽的氣球

部分受到擠壓
的氣球

受到擠壓時壓力會立刻平均分散

即使只有一部分受到擠壓,壓力變化也會傳到整顆氣球,
立刻平均分散。這時氣球所有點所承受的壓力,都會隨著
擠壓而上升。

輪胎

液體的壓力也會平均分散

裝滿多個汽缸的油彼此相通時,截面積愈大的汽
缸,需要擺放愈重的重錘壓住上升的活塞。因為油
的壓力一致,任何一個點承受的壓力都相等。活塞
的截面積愈大,施加於活塞的力(壓力×面積)也
愈大。

需要更大的重錘

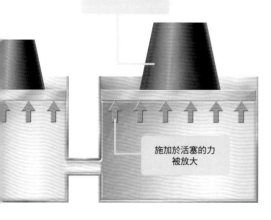

施加於活塞的力
被放大

帕斯卡原理

封閉於容器內的氣體壓力,在容器內
的任何點都相等。

沉重的飛機能夠飛上天，是靠「白努利定律」

我們隨時都被地球的重力往下拉，但飛機卻能戰勝重力而翱翔天際，這是因為飛機利用了「升力」（lift）。

從飛機機翼截面的形狀（下圖）可發現機翼截面的前面較圓，後面較尖，這種形狀能夠盡量縮小空氣阻力，稱為「流線型」。

搭乘飛機飛向空中時，機翼周圍的空氣會以機翼為界，平行上下分開。而且因為機翼

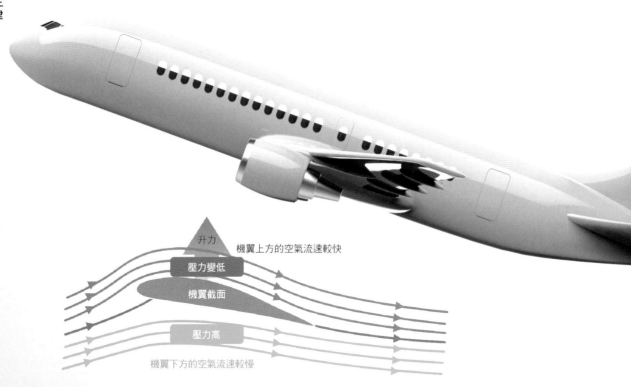

升力

機翼上方的空氣流速較快

壓力變低

機翼截面

壓力高

機翼下方的空氣流速較慢

③ 「升力」作用

受到②的漩渦影響，機翼上方的空氣流速變快，下方的空氣流速變慢。根據白努力定律，空氣流速較快的位置壓力會變低，如同將機翼往上吸的「升力」，就從壓力高往壓力低的地方作用。

② 機翼周圍產生反向旋轉的漩渦

由於形成①的漩渦，機翼周圍形成了抵消其影響的「反方向漩渦」。

空氣的流動

的後方較尖，空氣便能夠順暢地流動。

其實，空氣會在機翼的周圍產生漩渦。當飛機開始移動，機翼破風前進後，在起飛之際，漩渦就會留在機翼後方。因此機翼的周圍會彷彿與這個漩渦互相抵消，產生「反向旋轉的漩渦」。

受到這個漩渦影響，流過機翼上方的空氣速度變快，流過下方的速度變慢。而現在已知，空氣流速較快的地方，壓力會較低，稱為「白努利定律」（Bernoulli's principle）。

這個定律指的是「流體沿著曲線（流線）流動時，包含流體壓力在內的能量總量會維持一定」。因此，此定律也可說是流體的能量守恆定律。

根據此流體版的「能量守恆定律」，機翼上方的壓力小於機翼下方的壓力，因此力會朝將機翼往上吸的方向作用（升力）。

「機翼周圍的漩渦」產生升力

以多少角度承受氣流，對於放大升力相當重要。這個角度稱為「攻角」（angle of attack）。攻角到某個角度為止，都是角度愈大，得到的升力愈大。然而，如果超過這個角度，升力就會變小而導致失速。慢速飛行的飛機，必須精密控制攻角以防止失速。

白努利定律

密度與流速一定，且沒有黏性的流體，適用於右邊的公式。

$$\frac{1}{2}\rho v^2 + \rho g h + p = 常數$$

動能 　　　位能 　　壓力的能量

ρ：流體的密度（單位 kg/m^3）
v：流體的速度（單位 m/s）
g：重力加速度（單位 m/s^2）
h：流體的高度（單位 m）
p：流體的壓力（單位 Pa：N/m^2）

1 漩渦留在機翼後方

當飛機開始移動時，機翼後方會形成漩渦。

機翼的截面

白努利定律

流體沿著曲線（流線）流動時，包含流體壓力在內的能量總量維持一定。

即使兩個波互撞，
波也會保持原本的形狀

海浪通常會呈現複雜的模樣，這是因為各種波長與振幅的波從四面八方而來，並疊加在一起。不過，即使是波形複雜的波，只要將其分解，也能分解成數個波長與振幅一定的「標準波形」。

如果兩個波來自不同方向，並且互相碰撞（疊加）會發生什麼事呢？物體與物體互相碰撞應該會彼此破壞吧？

如下圖所示，假設高度（振幅）為1的峰狀波，分別從左右兩邊前進，在中央「碰撞」，這兩個波會在某個瞬間完全重合，變成高度為2的峰狀波。由此可知，當波碰撞時會生成

新的波（合成波），其高度為原本的高度相加，稱為「波的疊加原理」。

即使形成合成波，原本的波「依然存在」。當兩個波錯開後，兩個高度為1的峰狀波再度出現。通常波在「碰撞」前後依然保有「獨立性」，不會受到其他波影響[※]。波的「碰撞」與物體的碰撞大不相同。

※當水面波的振幅較大時，兩個波也可能互相影響。

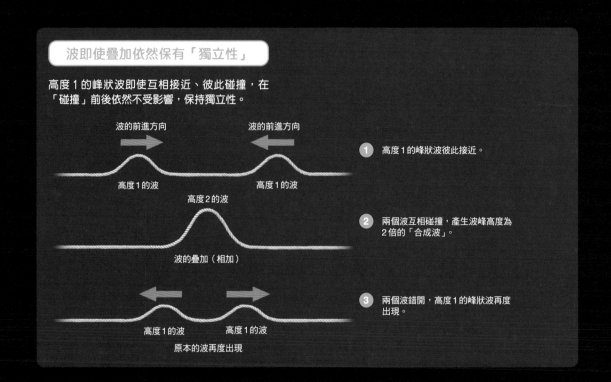

波即使疊加依然保有「獨立性」

高度 1 的峰狀波即使互相接近、彼此碰撞，在「碰撞」前後依然不受影響，保持獨立性。

波的前進方向　　　波的前進方向

高度 1 的波　　　高度 1 的波

1　高度 1 的峰狀波彼此接近。

高度 2 的波

波的疊加（相加）

2　兩個波互相碰撞，產生波峰高度為 2 倍的「合成波」。

高度 1 的波　　　高度 1 的波

3　兩個波錯開，高度 1 的峰狀波再度出現。

原本的波再度出現

波
的
疊
加
原
理

標準波形 A

標準波形 B

＋

標準波形 C

＋

標準波形 D

標準波形 E

＋

⋮

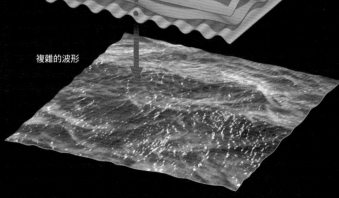

複雜的波形

↓

複雜的波形可以分解成 「標準的波形」

海浪的波形是由類似波形A～E等各種波長與振幅的波疊加而成。反之，波形複雜的波，也能分解成波長與振幅一定的「標準波形」。

※：插圖參考《海洋波的物理》（光易 亘著）圖2.6等。

光也保持「獨立性」

光也具備波的性質。舉例來說，即使圖從下方照射藍色的光（波長較短），從左側照射紅色的光（波長較長），映照在右側螢幕上的依然是紅色點。紅色光與藍色光不會因為受到「碰撞」影響而混和。

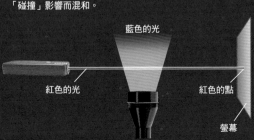

藍色的光

紅色的光

紅色的點

螢幕

波的疊加原理

合成波的高度等於原本的波高度相加。

光波與聲波在反射、折射時的法則

鏡子能映照出物品，是因為光照射到物品後，反射到鏡子上，最後再反射進我們的眼睛。鏡子具有幾乎100%反射光線的性質。但一般來說，當電磁波、聲波等，進入與原本不同的場所，例如從空氣中進入水中時，只有一部分會在邊界反射，其餘的波則會折射後繼續前進。

反射與折射的方向（角度）有各自的定律。第一個是反射定律——「波夾著法線[※1]入射的角度與反射的角度相等」。

第二個是「折射定律」（司乃耳定律，Snell's Law）——「法線與折射形成的角度（折射角），與入射角的sin值比（入射角[※2]／折射角）呈定值」。

波為什麼會折射呢？因為光在水中前進的速度比在空氣中慢。波進入水面與在空氣中的速度不同，光前進的方向會因此而彎曲。換句話說，物質交界面的波折射，源自於波在以交界面為界的物質之間，速度產生差異的緣故。

※1：在接點與接線（接平面）呈直角的直線。

※2：拉出與反射面垂直的直線（法線）時，入射波與法線形成的角度。

鑽石與全反射

將所有入射的光全部反射稱為「全反射」。鑽石明亮美麗的光輝，是因為即使25～90度的小角度也會發生全反射，白光因此被分解成不同的色光。

明亮式切工的鑽石示意圖

白光

頂面

白光被分解成不同色光

全反射（不透光）

全反射（不透光）

底部

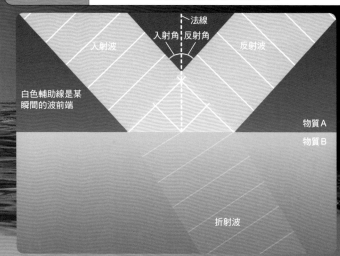

反射定律　波的反射角與入射角相等

法線
入射角　反射角
入射波　　　　　反射波
白色輔助線是某
瞬間的波前端
物質A
物質B
折射波

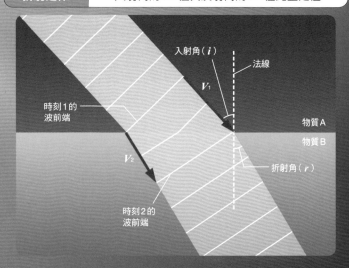

折射定律　入射角的sin值與反射角的sin值比呈定值

入射角（ i ）
法線
V_1
時刻1的
波前端
物質A
物質B
V_2
折射角（ r ）
時刻2的
波前端

波的反射與折射定律

波具有「反射定律」與「折射定律」。

「折射定律」是在入射角 i、折射角 r、物質A的波速 V_1 與物質B的波速 V_2 之間，成立這樣的關係： $\frac{\sin i}{\sin r} = \frac{V_1}{V_2} =$ 折射率，稱為「司乃耳定律」。折射率會隨著交界面兩側物質種類的組合而改變。

※角度A的sin值（正弦），指的是以角C為直角的三角形ABC的對邊BC與斜邊AB的比。

反射、折射定律

反射定律：波的反射角與入射角相等。
折射定律：入射角 sin 值與反射角 sin
值的比維持一定。

說明波的前進方式

水波與聲波即使在前進途中遇到障礙物，也能繞過並繼續前進。但是光雖然也是波，卻很少發生這種現象，這項機制稱之為「惠更斯原理」（Huygens–Fresnel principle）[※]。

此原理說明了波面如何形成：「無數球面狀（水波面則是圓狀）的波，從波的前端（波面）各點發生。這些球面狀的波彼此疊加，形成下一個瞬間的波面」（右圖）。

根據此原理，波通過障礙物的縫隙後，能不能繞到障礙物的後面繼續前進，取決於波的波長與波通過的縫隙大小。如同下圖所示，如果波的波長相對於縫隙較短，通過縫隙的下一個波面會變成直線狀。另一方面，

若波長較縫隙長，能通過縫隙的波則較少，留在縫隙前方的波則會呈扇形擴散。這種波甚至繞到障礙物背後，此現象稱為「繞射」（diffraction）。

聲音的波長較長，容易發生繞射，所以能在牆壁的另一邊聽到說話的聲音。而光的波長較短，較不容易發生繞射，因此光無法照到障礙物的另一側。

※折射、反射與干涉等現象也能以惠更斯原理說明。

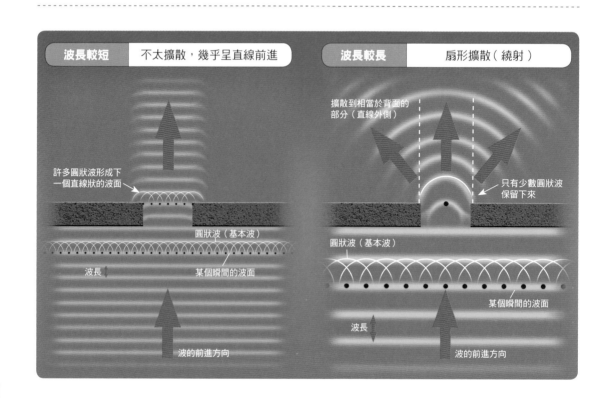

波長較短　不太擴散，幾乎呈直線前進

波長較長　扇形擴散（繞射）

許多圓狀波形成下一個直線狀的波面

圓狀波（基本波）

波長

某個瞬間的波面

波的前進方向

擴散到相當於背面的部分（直線外側）

只有少數圓狀波保留下來

圓狀波（基本波）

某個瞬間的波面

波長

波的前進方向

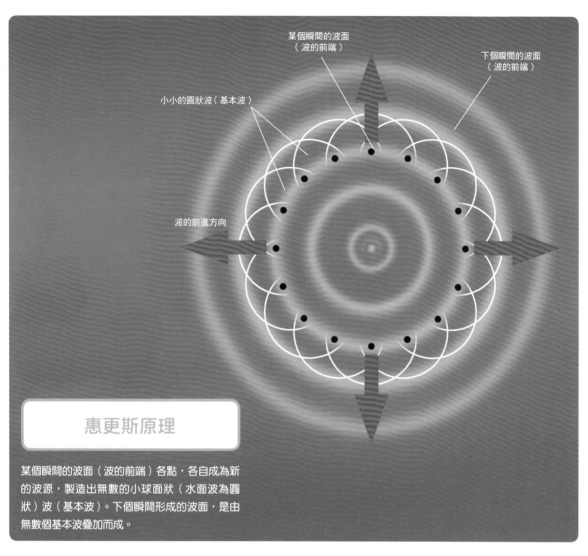

某個瞬間的波面
（波的前端）

下個瞬間的波面
（波的前端）

小小的圓狀波（基本波）

波的前進方向

惠更斯原理

某個瞬間的波面（波的前端）各點，各自成為新
的波源，製造出無數的小球面狀（水面波為圓
狀）波（基本波）。下個瞬間形成的波面，是由
無數個基本波疊加而成。

聲音容易繞射

聲音（聲波）繞到牆壁背後被聽見的示意圖。實際
上聲音以立體（3次元）的方式擴散，因此也能從
上方繞過。此外如果在室內，除了繞射，聲音也能
透過天花板與牆壁的「反射」傳遞。

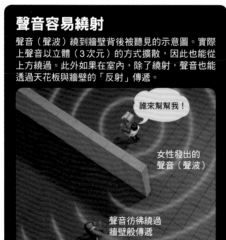

誰來幫幫我！

女性發出的
聲音（聲波）

聲音彷彿繞過
牆壁般傳遞

惠更斯原理

從波的前端（波面）各點，發生無數
球面狀（水面波是圓狀）波。這些球
面狀的波彼此疊加，形成下一個瞬間
的波面。

利用體積測量 分子個數的定律

原子的質量依種類而異，由於原子的質量極小，以實際數值表現其質量並不實用。於是科學家將碳原子的質量定為12，並以此為基準，用比較的方式顯示各原子的質量，此方法稱為「原子量」[※]。氫的原子量是1，氧的原子量是16。

1莫耳代表6.022 140 76×10²³個原子或分子聚集在一起，這串數字稱為「亞佛加厥常數」（Avogadro constant），聚集此數量的原子或分子，其集體的質量就是原子量或分子量（單位為公克）。舉例來說，碳原子的原子量是12，所以6.022 140 76×10²³個碳原子，也就是1莫耳碳原子的質量，為12公克。

莫耳還有另一個方便的地方，那就是「亞佛加厥定律」（Avogadro's law）。此定律的定義是「若溫度與壓力一定，在相同體積中的氣體分子數量也會一定，與分子種類無關」。由此可知，在同溫度、同壓力的情況下，所有1莫耳的氣體分子都擁有相同的體積。而在標準狀態（0℃，1大氣壓）下，1莫耳的氣體分子、原子的體積都是22.4公升。因此對氣體而言，莫耳也可當成體積的單位使用。

※將構成該分子之原子的原子量相加，稱為「分子量」。水（H_2O）的分子量是2個氫原子（1×2）的原子量，加上1個氧原子的原子量16，等於18。

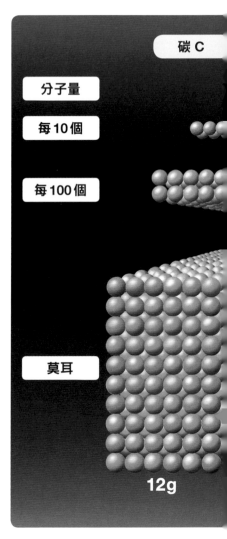

碳 C

分子量

每10個

每100個

莫耳

12g

1莫耳的定義

原子與分子不可能個別數出來，因此使用「莫耳」作為單位。1莫耳的碳原子共有6.022 140 76×10²³個。

碳原子C

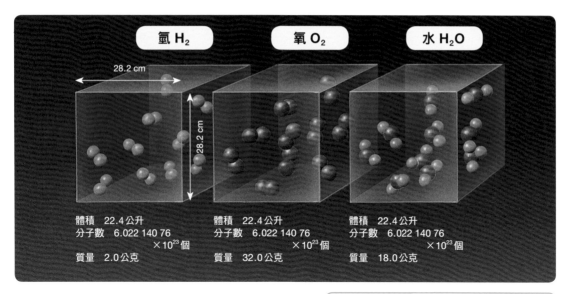

16g　　　　18g

（6.022 140 76×10²³個）

1莫耳氣體分子的體積是22.4公升，相當於邊長
28.2公分的立方體。因此，也可以用體積測量氣體
分子的個數。

原子量是以碳原子的質量為12時，所顯示各原子的相對量。假
設碳原子的數量逐漸增加到10、100個，當增加到幾乎相當於
6×10²³個時，質量約等於12公克，而該數量即為亞佛加厥常
數。當氧原子、水分子聚集到相當於亞佛加厥常數的數量時，其
質量分別是16及18公克。

亞佛加厥定律

在溫度與壓力一定的情況下，相同體
積中的氣體分子數一定，與分子種類
無關。

說明氣體
行為的法則

零食袋在飛機中膨脹時，袋子裡發生了什麼事呢？

氣體分子在袋子裡自由移動，當分子碰撞到袋子內部時，會朝著袋子膨脹施力使之膨脹，以此合力除以面積會得到「壓力」。

另一方面，袋子外側的空氣也會朝袋子施力使其凹陷（大氣壓）。袋中的氣體體積，靠著內側壓力與大氣壓相互抵消後而定。由於高空的大氣壓力比地面低，因此從袋子外側擠壓的力道就會變弱，使袋中的體積在空中增加。「波以耳定律」（Boyle's law）即是呈現定量氣體體積與壓力的關係。

此外，氣體的行為除了體積與壓力，也與「溫度」有很大的關係。溫度上升時，分子的動能變大，分子運動的速度也隨之增加，而在壓力一定的狀態下，氣體的溫度下降，遂使體積減少。此外，溫度每降低1℃，體積則減少「0℃時的約273分之1」。此定律稱為「查爾斯定律」（Charles's law）。

將兩定律結合，能導出「波以耳查理定律」，也就是「在密封的袋子裡，氣體的體積與壓力成反比，與絕對溫度成正比」。

兩個顯示氣體行為的定律

氣體的壓力是氣體分子與牆壁等碰撞時施加的力，由碰撞的氣體分子數量及動能決定。另一方面，氣體溫度上升時，會使氣體分子的平均動能變大。

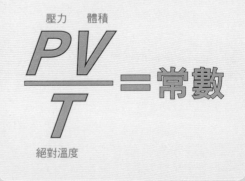

波以耳查爾斯定律

壓力　　體積

$$\frac{PV}{T} = 常數$$

絕對溫度

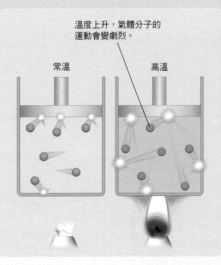

溫度上升，氣體分子的運動會變劇烈。

常溫　　　　　　高溫

波以耳查爾斯定律

波以耳定律 | 溫度一定時，壓力與體積成反比

在上空膨脹
的零食袋

起飛前的
零食袋

波以耳定律是指當溫度一定時，壓力愈低，
氣體的體積愈大。如果將零食帶上飛機，抵
達高空時，袋子會膨脹。這是由於周圍氣壓
下降，零食袋中空氣膨脹所致。

氣壓高　　　　　　　　　　　氣壓低

查爾斯定律 | 壓力一定時，體積與絕對溫度成正比

| 溫度低 | 室溫 | | 溫度高 | 熱水 |

劇烈活動的
氣體分子

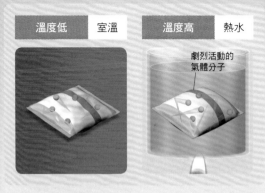

查爾斯定律是指當壓力保持一定時，袋中的溫度愈高，氣體的體積
就愈大。將密封的袋子加熱，袋子會膨脹，是查爾斯定律常見於生
活中的範例。

波以耳查爾斯定律

氣體的體積與壓力成反比，與絕對溫
度成正比。

成立於「理想氣體」的狀態方程式

氣 體的狀態可以用公式「$PV = nRT$」表示（公式請如下圖）。

該公式被稱為「理想氣體狀態方程式」（ideal gas law），由前頁介紹的波以耳定律與查爾斯定律組合而成。不過，使用此公式計算出來的值，雖然在日常生活的多數情況下都大致成立，但在低溫與高壓等特殊條件下仍會產生誤差。而誤差的原因在於此公式成

理想氣體的情況

理想氣體狀態方程式

$$PV = nRT$$

P：壓力 [Pa]，V：體積 [m³]，
T：絕對溫度（熱力學溫度）[K]，
n：氣體的物質量 [mol]，
R：（一般）氣體常數 [J/(K・mol)]

「理想」氣體是虛擬的氣體

「氣體」是各個分子分散開來交錯紛飛的狀態。理想氣體假設構成氣體的分子沒有大小，同時也假設即使分子靠近，彼此吸引的力（凡德瓦力）也不會發揮作用。

分子沒有大小之分

氣體分子碰撞牆壁產生壓力。

立的先決條件是「氣體屬於『理想氣體』」。

「理想氣體」（ideal gas）如左下所示，是一種虛構的氣體，省略了實際氣體具備的複雜要素。狀態方程式（equation of state）省略了分子的大小，以及作用在分子之間的力（凡德瓦力）等要素，所以公式十分簡潔。

當然，實際氣體的分子具有大小，也具備吸引彼此的力（右下圖）。若條件不允許忽視這些要素的影響，「$PV=nRT$」計算出來的值，與實際值之間的誤差就會變大。舉例來

說，高壓會導致分子之間的距離拉近，或是因為低溫使得分子容易互相吸引等，這些誤差將無法忽略。

能夠計算出更接近實際氣體數值的公式是「凡德瓦方程式」（Van der Waals equation）。這個公式在理想氣體狀態方程式中，修正了壓力與體積的計算。

實際氣體的情況

凡德瓦方程式

$$\left\{P+a\left(\frac{n}{V}\right)^2\right\}(V-bn) = nRT$$

修正壓力的加法　　　修正體積的減法

a、b：凡德瓦係數
（因氣體種類而不同的常數）

誤差因為低溫及高壓而變大

不同種類的分子大小各異，分子愈大而氣體的體積也愈大。此外，實際氣體之間有彼此吸引的力（凡德瓦力），這個力會導致壓力變小。為了修正此點，凡德瓦方程式追加了修正壓力與體積的參數。藉由修正，即使在低溫與高壓的狀態下也能正確計算。

有大小的分子

凡德瓦力
（氣體分子相互吸引的力）

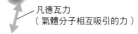

因為受周圍的分子吸引，碰撞牆壁的力道會變弱（壓力變小）。

狀態方程式

氣體的狀態在壓力（P）、體積（V）、溫度（T）之間，有「$PV=nRT$」的關係（n是物質量，R是比例常數）。

即使力減少
作功的總量也不變

雖然施加的力變少，但拉的距離卻隨之增加

舉例來說，如果要將物體抬高10公分，左邊的動滑車雖然只需要對物體施加重力$\frac{1}{2}$的力，但拉動的距離卻變成2倍（20公分）。而如果使用右邊的動滑車，雖然只需施加10分之1的力，但拉動的距離卻變成10倍（100公分）。

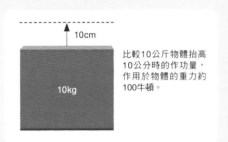

10cm

10kg

比較10公斤物體抬高10公分時的作功量，作用於物體的重力約100牛頓。

施加的力變成$\frac{1}{2}$　　　拉的距離變成2倍

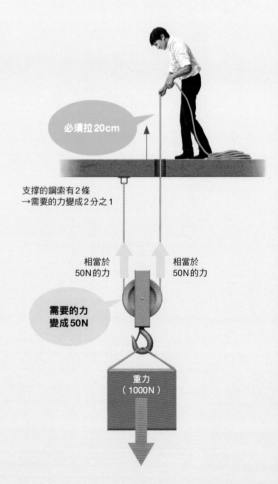

必須拉20cm

支撐的鋼索有2條
→需要的力變成2分之1

相當於50N的力　　相當於50N的力

需要的力變成50N

重力（1000N）

起重機使用多個動滑車

即使以較少的力也能抬起物品的工具，除了140頁的「槓桿」之外，還有「滑車」。

以左下圖為例，使用一個上下滑動的動滑車※時，由於支撐物品的鋼索有2條，如果拉動其中一邊的鋼索，只需要施加物體重量一半的力。

如果是右邊插圖，有5個動滑車，支撐物品的鋼索則有10條，只要以物體重量10分之1的力道拉動鋼索即可。起重機就是這樣使用多個動滑車，抬起沉重的物品。

與槓桿一樣，當施加的力愈小，則持續施力的距離就必須愈長。

為了給予物體相同的能量，如果力的大小變成 $\frac{1}{x}$，持續施力的距離就必須變成 x 倍。雖然從施力大小看似較為省力，但以作功量（＝力×物體移動的距離）來說，卻沒有佔到任何便宜。如果考慮摩擦力，反而還需要作更多的功。

由此可知，無論有沒有使用槓桿與滑車等工具，需要的總作功量終究沒有改變，此原理稱為「作功原理」。

※假設動滑車非常輕，可忽視其重量。

施加的力變成 $\frac{1}{10}$ ｜ 拉的距離變成10倍

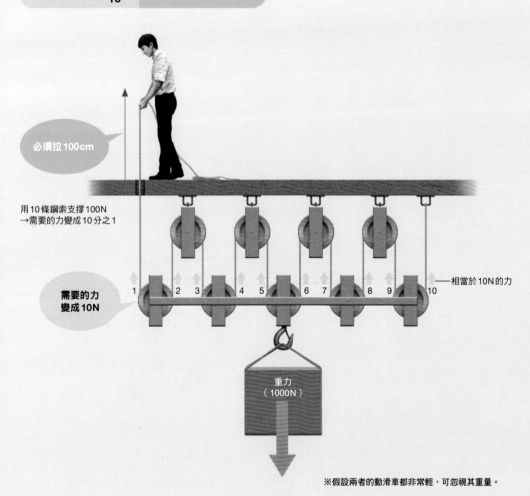

必須拉100cm

用10條鋼索支撐100N
→需要的力變成10分之1

需要的力變成10N

相當於10N的力

1 2 3 4 5 6 7 8 9 10

重力（1000N）

※假設兩者的動滑車都非常輕，可忽視其重量。

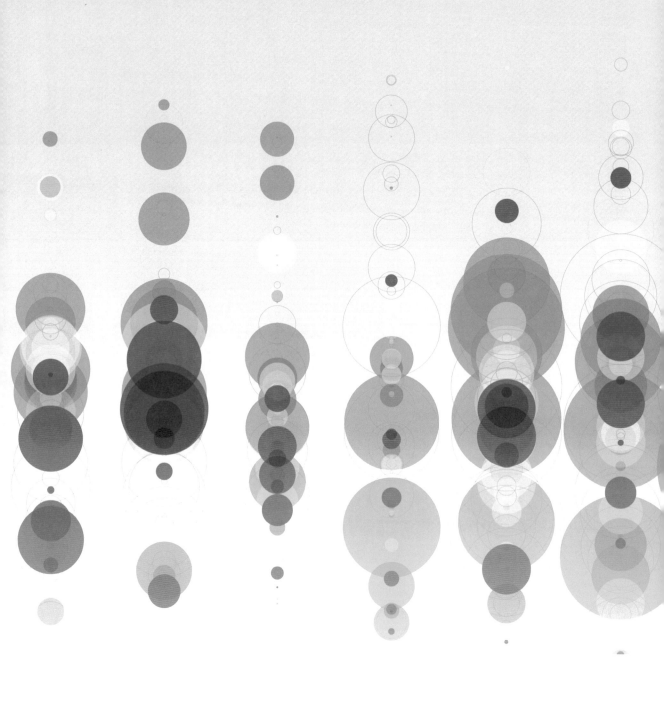

8

電力與磁力的定律

Laws of electricity and magnetism

關於電力與磁力的定律

想必不少人都玩過用摩擦後的墊板吸起頭髮的遊戲。在這個過程中,墊板聚集了負電,頭髮聚集了正電。頭髮之所以會被吸起,是因為正負電互相吸引。

　　這類靜電的現象源自於「電荷」(electric charge)。如墊板的例子,正電荷與負電荷互相吸引,至於正電荷與正電荷,負電荷與負電荷則會互相排斥。電荷產生的這種力稱為「靜電力」,而說明靜電力作用的定律為「庫侖定律」(Coulomb's law)。根據庫侖定律,靜電力的大小與電量大小成正比,與電荷之間的距離平方成反比。

　　說到互相吸引與互相排斥的力,想必很多人會聯想到磁鐵。磁鐵有「N極」與「S極」2種磁極。N極與S極互相吸引,而N極與N極、S極與S極則互相排斥,這種由磁極產生的力稱為「磁力」。磁力的大小也與磁極的磁通量大小成正比,與磁極間的距離平方成反比,也被稱為「磁力的庫侖定律」。

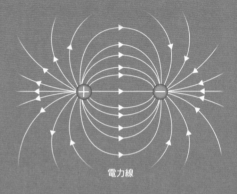

電力線

電荷形成的電場示意圖

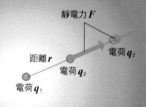

靜電力 F

距離 r

電荷 q_2

電荷 q_2

電荷 q_1

電場

註:只畫出電荷 q_1 形成的電場。

電力與磁力相似

電場的方向與強度,能以帶有箭頭的「電力線」虛擬線條呈現。箭頭的方向從正電荷出發,進入負電荷,代表電場的方向。而磁場也以同樣方式呈現,箭頭的方向(磁場)從N極出發,進入S極,稱為「磁力線」。

※但磁極與電荷不同,N極與S極永遠成對存在。

電力的庫侖定律

電力大小與電荷大小成正比,與距離平方成反比。電荷愈大則電力愈強,距離愈遠則電力愈弱。

$$F = k_0 \frac{q_1 q_2}{r^2}$$

F:靜電力 [N]
q_1,q_2:電荷 [C]
k_0:真空中的比例常數
　　(9.0×10^9 [N·m²/C²])
r:距離 [m]

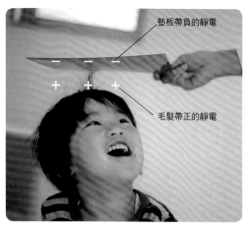

正電與負電互相吸引

用墊板摩擦毛髮後，墊板會帶負的靜電，頭髮則會帶正的靜電。塑膠製的墊板不容易通電，靜電無處可去，所以容易帶電。

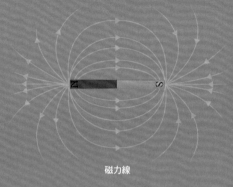

磁力線

磁極形成的磁場示意圖

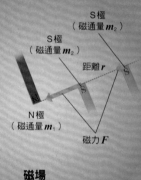

磁場

註：只畫出N極（m_1）形成的磁場。

磁力的庫侖定律

磁力大小與磁通量（N極為正，S極為負）大小成正比，與距離平方成反比。磁通量愈大則磁力愈強，距離愈遠則磁力愈弱。

$$F = k_m \frac{m_1 m_2}{r^2}$$

F：磁力 [N]
m_1，m_2：磁通量 [Wb]
k_m：真空中的比例常數
（6.33×10^4 [N·m²/Wb²]）
r：距離 [m]

庫侖定律

靜電大小與電力大小成正比，與電荷之間的距離平方成反比。磁力大小與磁極的磁通量大小成正比，與磁極之間的距離平方成反比。

顯示電流、 電壓、 電阻 之間關係的定律

「歐」姆定律」（Ohm's law）用來顯示電流、電壓、電阻三者之間的關係。

根據此定律，電流（I）與電壓（V）之間成正比，而電壓與電阻（R）之間也成正比，至於電流與電阻則成反比。將三者的關係整理成公式，為「電流＝電壓÷電阻（$I=\dfrac{V}{R}$）」，或「電壓＝電流×電阻（$V=IR$）」。

電阻值隨著導線的種類與形狀而異。電流通過同一條導線時，電阻值為固定，若希望更大的電流通過，就需要更高的電壓。此外，若希望同樣大小的電流通過電阻更大的導線，也需要更高的電壓。反之，如果只能對電阻較大的導線施加同樣大小的電壓，電流則會變小。

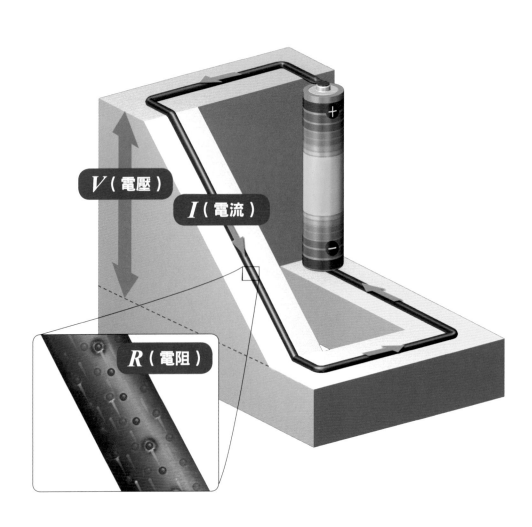

V（電壓）

I（電流）

R（電阻）

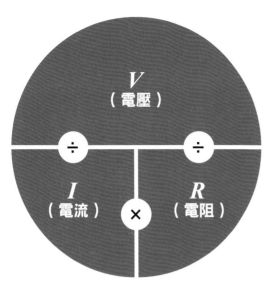

電流與電壓成正比

電壓與電阻成正比

電流與電阻成反比

可以求出電流、電壓或電阻的值

發現歐姆定律的是德國物理學家歐姆（Georg Simon Ohm，1789~1854）。只要知道電流、電壓、電阻其中兩個值，就能運用此定律，如下列公式求出剩下的值。

歐姆定律

$$V = R \times I$$

V：電壓（單位 V：伏特）
R：電阻（單位 Ω：歐姆）
I：電流（單位 A：安培）

計算電阻的情況

$$R = \frac{V}{I}$$

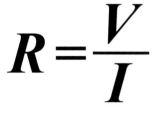

計算電流的情況

$$I = \frac{V}{R}$$

歐姆定律

$$V = R \times I$$

通過電阻 R 相同的導線時，電流 I 的強度與電壓 V 成正比，有 $V = RI$ 的關係。

歐姆定律

電流通過電阻相同的導線時，電壓愈高，能夠通過的電流愈大。反之，如果電壓相同，當導線的電阻愈大，通過的電流則愈小。

焦耳定律

此定律能知道電流與產生熱量之間的關係

電暖爐或熨斗等電器只要通電就會立刻發熱。因為電流而產生的熱，根據英國物理學家焦耳（James Prescott Joule，1818～1889）的名字，命名為「焦耳熱」。

焦耳透過實驗，成功推導出電流與產生熱量之間的關係：「產生的熱量（Q）與電流（I）的平方及電阻（R）成正比」。此定律被稱為「焦耳定律」（Joule's law）。換句話說，電流或電阻值愈大，產生的熱量（焦耳熱）愈多。

為什麼電流通過就會產生熱量呢？從微觀視角來看，物質的溫度來自原子的振動。溫度愈高的物質，原子的振動也愈激烈。

舉例來說，當電流通過導線時，大量的電子會在導線中移動。此時構成導線的原子與電子會相互「碰撞」。受到「碰撞」影響，擋在電子前進方向的原子會吸收電子的部分能量，於是原子的振動會變得更激烈。這就是通電的電器產品發熱的原因。

電流通過電器產品會發熱

電暖爐與熨斗等電器產品，都是利用了電流通過產生的焦耳熱。手機會發熱也是因為焦耳熱的緣故。至於白熾燈泡產生的熱能，有部分能量變成光綻放出來。

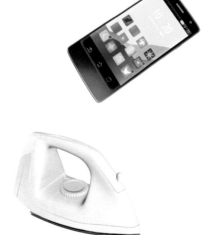

電子與原子「碰撞」產生熱

此為以現代裝置重現焦耳實驗的示意圖。首先將鎳鉻絲放進水裡通電，同時改變電流與電阻的大小並測量水溫，藉此能推導出電流與所產生熱量之間的關係。下圖是微觀視角的示意圖，鎳鉻絲的電子「碰撞」原子，原子的振動遂變得更加激烈，這就是熱能產生的原理。

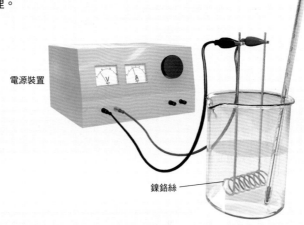

溫度計

電源裝置

鎳鉻絲

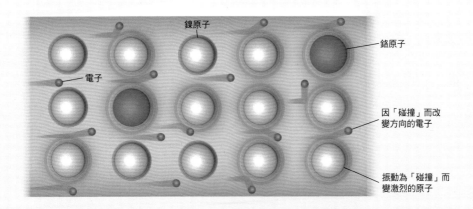

鎳原子

鉻原子

電子

因「碰撞」而改變方向的電子

振動為「碰撞」而變激烈的原子

焦耳定律

$$Q = I^2 \times R \times t$$

Q：產生的熱量（單位 J：焦耳）
I：電流（單位 A：安培）
R：電阻（單位 Ω：歐姆）
t：電流通過的時間（單位 s：秒）

電流、磁場與力方向之間的關係

用左手顯示磁場方向、電流方向與力方向之間的關係，就是下方插圖中的「弗萊明左手定則」（Fleming's left-hand rule for motors）。

該定則是由英國電機工程師弗萊明（John Ambrose Fleming，1849～1945）提出。弗萊明在擔任大學教授時，因為學生經常搞錯磁場、電流與力方向之間的關係，於是開始思考可簡單記住的方法。

磁力之所以能運作，是因為空間內具有磁場，而電流通過磁場中的導線後，導線就會受力。「馬達」就是巧妙地運用這股力道，讓線圈（環狀導線）旋轉的裝置（右側插圖）。

由於馬達是一種利用電能進行旋轉的裝置，因此被安裝在電風扇等家電產品中。

根據弗萊明左手定則，電流通過線圈時，作用於馬達線圈上方與下方的力剛好相反，因此線圈便會開始旋轉。

而線圈末端連接著一個類似圓筒被切半的零件，稱為「整流子」（commutator）。當線圈旋轉180度時，流經線圈的電流會因為整流子而改變方向，因此作用於線圈的力，就能永遠朝著相同的方向旋轉，線圈便會持續旋轉下去。

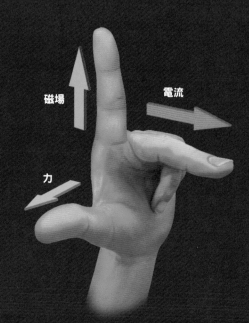

磁場　電流

力

弗萊明左手定則

左手的中指、食指、拇指如左圖豎立時，中指、食指、拇指所指的方向分別代表電流、磁場與導線的受力方向（從中指往拇依序代表「電、磁、力」）。

馬達的機制

導線（線圈）位在磁鐵N極與S極之間的磁場。電流通過磁場中的導線時，導線會受力。線圈上方與下方所受的力方向剛好相反，因此線圈會旋轉。

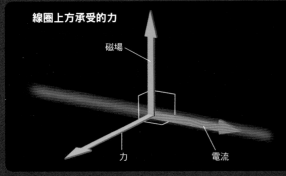

線圈上方承受的力

磁場

力　電流

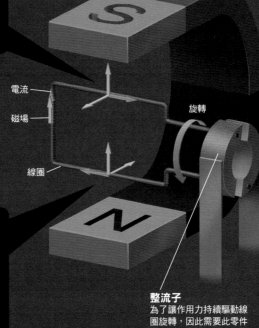

電流
磁場
線圈

旋轉

整流子
為了讓作用力持續驅動線圈旋轉，因此需要此零件在恰到好處的時機改變電流方向。

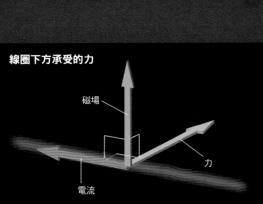

線圈下方承受的力

磁場

力

電流

弗萊明左手定則

左手的食指、中指與拇指分別成直角時，電流、磁場、導線所受的力，分別是中指、食指、拇指所指的方向。

電磁感應定律

移動磁鐵產生電流的 「發電原理」

英　國物理學家，同時也是化學家的法拉第，聽說了奧斯特（Hans Christian Ørsted，1777～1851）在1820年進行的「電流產生磁力」實驗後，產生了以下想法：「既然電流可以產生磁力，磁力應該也可以產生電流吧？」

如果只是把磁鐵放在線圈（捲成環狀的導線）裡並不會產生電流。但是法拉第發現，只要移動線圈中的磁鐵，就會有電流通過（右圖）[※]。

這代表「若貫穿線圈的磁力線量出現變化，則會使線圈產生電壓，進而發生電流」，稱為「法拉第電磁感應定律」（Faraday's law of induction）。

發電機是現代社會不可或缺的電磁感應定律實際應用。只要在線圈旁轉動磁鐵，發電機就會產生電流（交流電）。因轉動磁鐵會使通過線圈的磁力線量出現變化，產生電流。

馬達就是利用通電的線圈與磁鐵之間的作用力，才得以產生旋轉的力。而發電機則利用磁鐵的旋轉產生電流，原理與馬達相反。

※法拉第在1831年進行的實驗中，使用的不是永久磁鐵，而是線圈製成的電磁鐵。

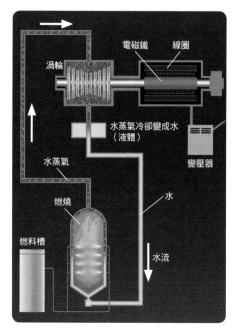

火力發電廠的原理

火力發電廠燃燒石化燃料，利用燃燒熱使水變成水蒸氣，再將水蒸氣吹出轉動渦輪，接著利用渦輪的旋轉帶動巨大的電磁鐵旋轉。而擺放在電磁鐵旁的線圈便會出現電流。

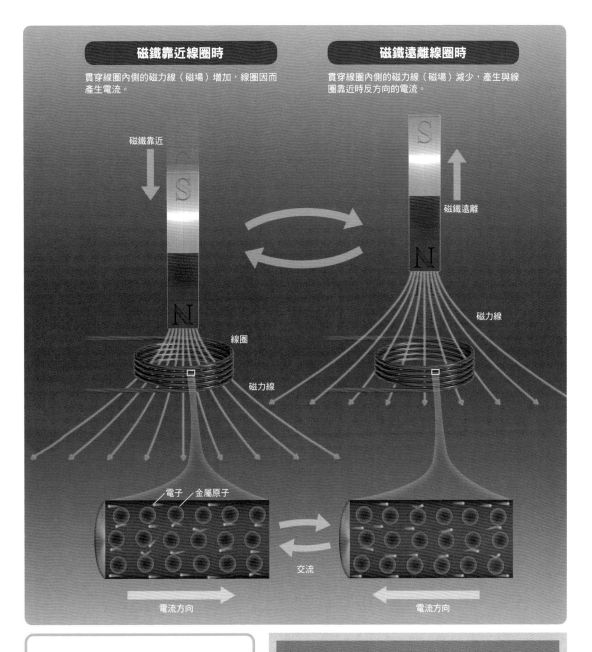

磁鐵靠近線圈時

貫穿線圈內側的磁力線（磁場）增加，線圈因而產生電流。

磁鐵遠離線圈時

貫穿線圈內側的磁力線（磁場）減少，產生與線圈靠近時反方向的電流。

磁鐵靠近

S

N

磁鐵遠離

S

N

磁力線

線圈

磁力線

電子　金屬原子

交流

電流方向

電流方向

磁場的變化創造出電流

線圈靠近或遠離磁鐵時，電流會通過線圈，此現象稱為電磁感應。而通過線圈的電流，則會朝著妨礙磁力線（磁場）變化的方向流動（冷次定律，Lenz's law）。利用此電磁感應就能夠發電。

電磁感應定律

$$V = -N\frac{\Delta\Phi}{\Delta t}$$

V：線圈透過磁場變化產生的電壓（感應電動勢）
N：線圈的圈數
$\Delta\Phi$：某段時間Δt的磁通量（貫穿線圈中的磁力線量）變化量
線圈的圈數N愈多，或是磁通量的變化愈激烈，會產生愈大的電壓（電流）。

電磁學的基礎方程式

電生磁，磁生電，電與磁互相影響。

英國物理學家馬克士威（James Clerk Maxwell，1831～1879）希望建立一套理論，能綜合說明關於電與磁的實驗結果，最後他終於推導出一套能統一說明電磁行為的方程式 ──「馬克士威方程式」（Maxwell's equations）。這套方程式就是電磁學的基礎方程式。

馬克士威使用這套方程式預言了光的本質。

馬克士威指出，若電流像交流電一邊改變方向一邊通過，周圍就會產生變化的磁場渦流（右頁插圖），電場與磁場整體就會像波一樣前進，他將這種波命名為「電磁波」。

馬克士威透過理論計算求出電磁波的前進速度約秒速30萬公里，與當時透過實驗發現的光速一致，因此馬克士威得出光就是電磁波的結論。

電與磁互相影響

如同170頁、172頁的介紹，電生磁，磁生電，電與磁互相影響。

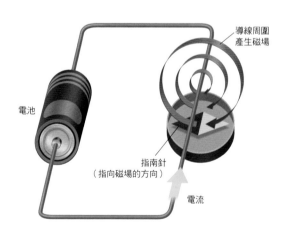

電生磁

電池

導線周圍產生磁場

指南針（指向磁場的方向）

電流

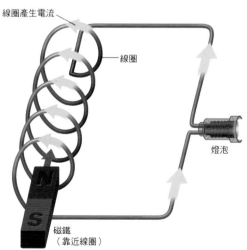

磁生電

線圈產生電流

線圈

燈泡

磁鐵（靠近線圈）

光是電與磁形成的波

插圖中顯示的是電場與磁場的渦流，彼此一邊互相影響，一邊以光速移動的狀況。電場與磁場彼此形成「鎖鏈」，如波一般前進，這種波為「電磁波」。真空中電磁波的速度（V），即使不直接測量波速，也能透過「真空中的磁導率（μ_0）」與「真空中的電導率（ε_0）」兩個值求出（參考圖中的算式）。

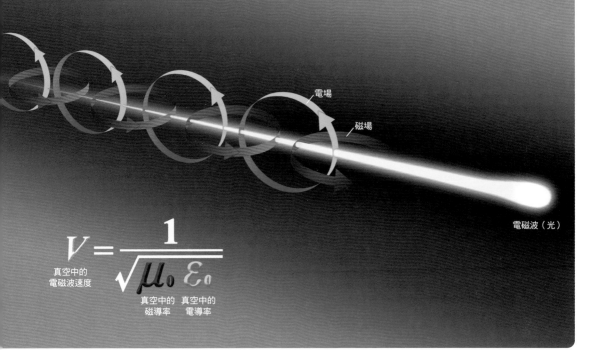

電場

磁場

電磁波（光）

$$V = \frac{1}{\sqrt{\mu_0 \, \varepsilon_0}}$$

真空中的
電磁波速度

真空中的　真空中的
磁導率　　電導率

馬克士威的方程式

下列 4 條公式為馬克士威方程式。這些方程式根據過去不同實驗家進行多次實驗事實推導而出。各個公式的意義簡單說明如下。

法拉第的
電磁感應定律

$$\text{rot } E = -\frac{\partial B}{\partial t}$$

擴充的安培定律

$$\text{rot } E = J + \frac{\partial D}{\partial t}$$

磁單極（只有N極或S極
的磁極）不存在

$$\text{div } B = 0$$

庫侖定律

$$\text{div } D = \rho$$

馬克士威方程式

由左邊 4 條公式組成，描述電磁場時空變化的電磁學基礎方程式。

9

解釋宇宙運作
的定律

Laws that reveal how the universe works

正確說明行星運動的三個定律

克卜勒（Johannes Kepler，1571～1630）是與伽利略同時代的天文學家，他對火星與木星等「行星運動」抱持著興趣，於是成為第谷（Tycho Brahe，1546～1601）的助手，在當時被認為是世界最高的布拉格天文台進行精密觀測。後來他繼承了第谷的觀測資料，並埋首於分析，希望能發現行星運動背後的定律。

克卜勒調查了看似複雜的火星觀測資料，發現了以下2個法則。第一，火星的軌道是橢圓形。當時以為行星的軌道由圓形複雜地組合而成，但他發現只要以一個橢圓就能說明（第一定律）；第二，他也發現了「火星與太陽的連線，在相同時間內會畫出相同的面積」（第二定律）。接著他還發現，這兩個定律對其他行星也成立。

後來克卜勒又發現了「行星繞太陽一圈的時間平方，與橢圓軌道長半徑的3次方成正比」（第三定律）。以上三個定律合稱「克卜勒定律」（Kepler's law）。

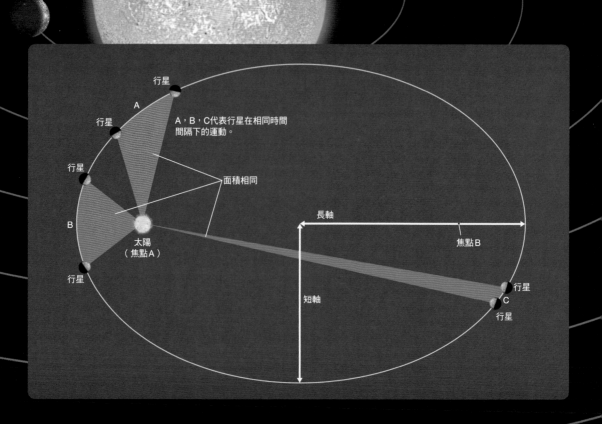

行星

A

行星

A，B，C代表行星在相同時間間隔下的運動。

行星

面積相同

長軸

B

焦點B

太陽
（焦點A）

行星

短軸

行星

C

行星

克卜勒第1定律　行星的軌道是橢圓形

太陽系行星的軌道雖然實際上是橢圓（壓扁的圓）形，但相當接近圓形。插圖呈現的橢圓比較誇張。

克卜勒第2定律　太陽與行星的連線，在固定時間內通過的面積相等

插圖中三個粉紅色的面積都相同。接近太陽時重力較強，行星運動會變快；遠離太陽時重力則較弱，行星運動會變慢。

克卜勒第3定律　公轉週期的平方，與軌道長半徑三次方的比例，任何行星都相同

克卜勒定律

當時的布拉格天文台並無望遠鏡，只有能測量星體位置的裝置。克卜勒的三大定律歸納自天文觀測的經驗法則。後來牛頓根據自己奠定的力學（第180頁），計算出行星的運動，並且成功透過理論推導出克卜勒的三大定律。

克卜勒定律

【第1定律】行星的軌道呈橢圓形
【第2定律】行星與太陽的連線，在相同的時間內必定會畫出相同的面積
【第3定律】公轉週期的平方，與軌道長半徑的3次方成正比

各種物體都會互相吸引

脫離枝椏的蘋果會掉到地面，但月球為什麼不會掉下來呢？解決這個疑問的是英國科學家牛頓。

根據牛頓在1687年發表的「萬有引力定律」（Newton's law of universal gravitation），無論是蘋果、月球或地球，各式各樣的物體之間都有彼此吸引的力作用。因此，如同蘋果與地球互相吸引，月球與地球也互相吸引。月球之所以不會掉下來，是因為月球雖然受到地球吸引（同時也吸引地球），也以時速約3600公里的速度繞地球公轉。

萬有引力是指「存在於萬物（所有物體）之間，彼此吸引的力」。即使是放在桌上的兩顆蘋果，也以極為微弱的萬有引力互相吸引，只不過這股力道太弱，被蘋果與桌面之間的摩擦力等抵銷掉了。

蘋果

萬有引力

牛頓的蘋果

牛頓位於英國伍爾索普莊園的故居有一顆蘋果樹。據說他在1666年的某天看到蘋果從樹上掉下來，因此想出了「萬有引力定律」。這段小故事由牛頓自己說出，被其友人記錄下來。

月球

萬有引力

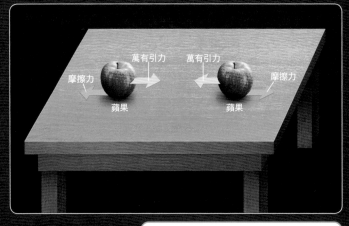

萬有引力 萬有引力

摩擦力 摩擦力

蘋果 蘋果

桌面上兩個蘋果之間
也有互相吸引的萬有引力

摩擦力抵銷了萬有引力,因此蘋果不會互相
接近。

物體1的質量　物體2的質量

$$F_G = G\frac{m_1 m_2}{r^2}$$

萬有引力　　　　　萬有引力常數

物體間的距離

萬有引力定律

$$F_G = G\frac{m_1 m_2}{r^2}$$

作用於兩個物體之間的萬有引力與物體的質量
成正比,並與物體之間的距離平方成反比。

動量守恆定律

物體的動量總和不變

動 量具有「兩個物體的動量總和，在物體之間的力彼此作用前後不會改變」的性質。換個說法就是「力彼此作用前的動量總和＝力彼此作用後的動量總和」，上述稱為「動量守恆定律」（law of conservation of momentum），而火箭就是利用此定律運行。

火箭透過從後方噴出的燃燒氣體獲得推力。後方噴出的氣體動量有多少，火箭就獲得多少往前的動量。無論是人造衛星轉換方向，還是太空人在宇宙漫遊時的移動，都是運用氣體噴射的原理。

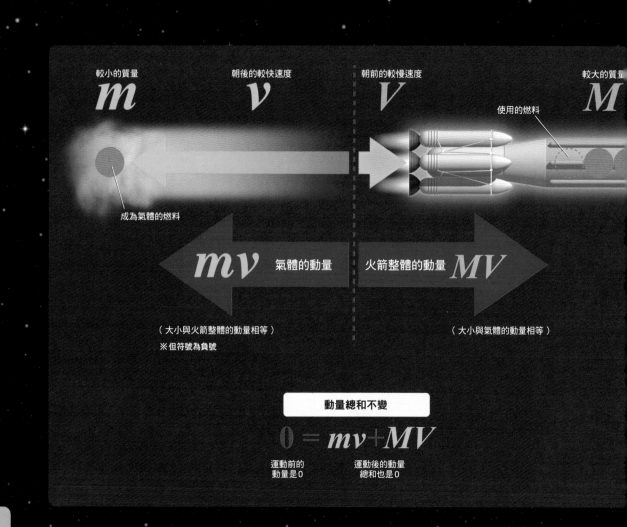

較小的質量

m

朝後的較快速度

v

朝前的較慢速度

V

較大的質量

M

使用的燃料

成為氣體的燃料

mv　氣體的動量　　火箭整體的動量　MV

（大小與火箭整體的動量相等）

※但符號為負號

（大小與氣體的動量相等）

動量總和不變

$$0 = mv + MV$$

運動前的動量是0　　運動後的動量總和也是0

動
量
守
恆
定
律

燃料示意圖

如果沒有往後的動量，就不會往前推進

靜止的火箭（動量為 0）噴出氣體往前推進時，往後方噴出的氣體與往前方移動的火箭，動量總和依然是 0（動量守恆定律）。火箭獲得的動量與噴出的燃燒氣體動量相等。換句話說，氣體與火箭的動量必須方向相反，大小相等。因為「質量 × 速度」（動量）的值相同，質量較大（M）的火箭以速度 V 朝著前方推進時，質量較小（m）的氣體則必須以較大的速度 v 朝後方噴射。

動量守恆定律

無論是多個物體撞在一起，還是一個物體分裂成許多個，只要沒有受到外力，變化前後的動量總和都不會改變。動量的方向包含前後、上下及左右，但所有方向的動量都守恆。

物體發光的顏色隨著溫度而改變

冬季夜空閃耀著藍白色光芒的一等星天狼星，與小犬座的黃色一等星南河三，獵戶座的紅色一等星參宿四連線而成的三角形，稱為「冬季大三角」（Winter Triangle）。以上三顆一等星當中，哪一顆的溫度最高呢？

藍白色會讓人聯想到冰冷，但其實天狼星才是溫度最高的，表面溫度達到約1萬℃。溫度次高的是南河三，約6200℃（幾乎與太陽相同），而溫度最低的則是參宿四，只有約3300℃。

既然無法用溫度計測量，那是如何知道遙遠星體的溫度呢？

線索就是「顏色」，而顏色取決於光的波長。德國物理學家維恩（Wilhelm Wien，

1864～1928）發現「物體的溫度與物體綻放的最強光波長成反比」[※]，此定律稱為「維恩位移定律」（Wien's displacement law）。

根據此定律，物體綻放的最強光波長愈短（看起來愈偏向藍白色），物體表面的溫度愈高；而最強光的波長愈長（看起來愈偏向紅色），表面溫度愈低。換句話說，藉由恆星的顏色能計算出表面的溫度。

※物體放出的光是由各種波長的光組合而成，不同波長的光，光的強度也不一樣。此外，維恩位移定律使用的溫度並不是日常的攝氏溫度（℃），而是絕對溫度（K）。

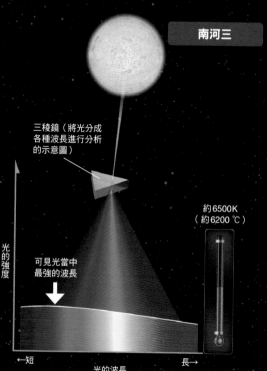

南河三

三稜鏡（將光分成各種波長進行分析的示意圖）

可見光當中最強的波長

約6500K（約6200℃）

光的強度

←短　　　長→
光的波長

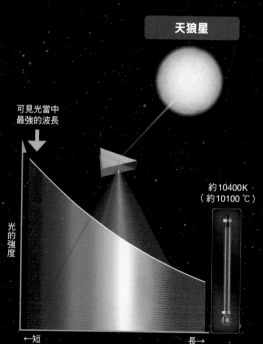

天狼星

可見光當中最強的波長

約10400K（約10100℃）

光的強度

←短　　　長→

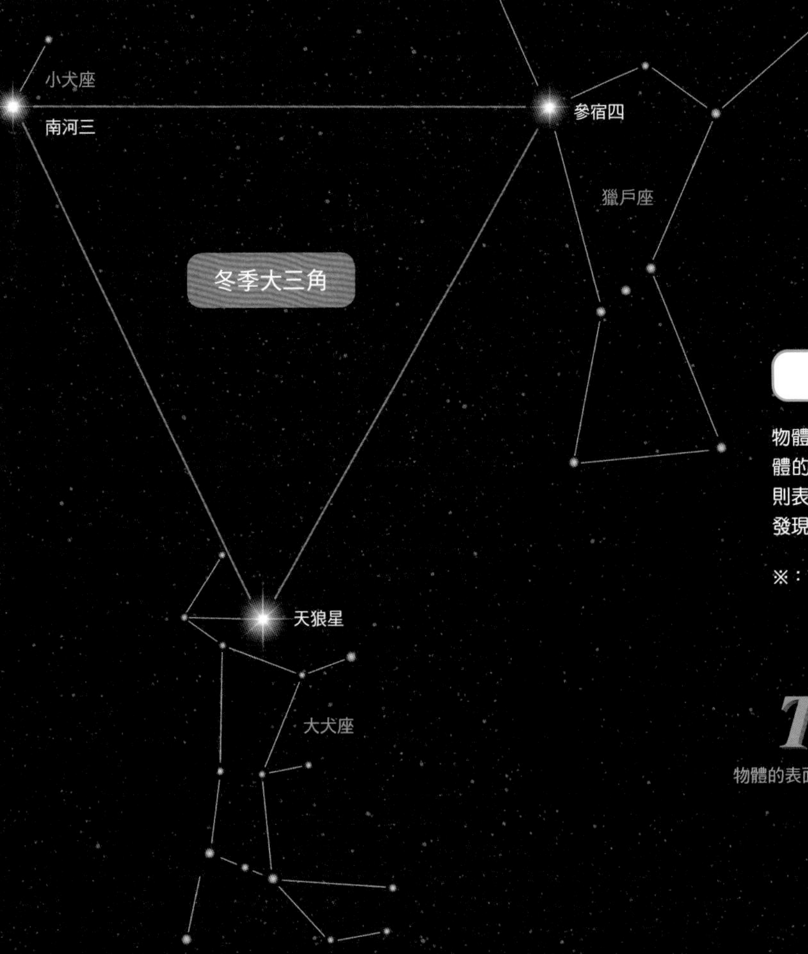

小犬座

南河三

參宿四

獵戶座

冬季大三角

天狼星

大犬座

維恩位移定律

物體所放出最強光的波長（λ max）愈短，物體的表面溫度（T）愈高。反之，波長愈長則表面溫度愈低。2898000是維恩透過研究發現的比例常數。

※：下列常數的值，透過奈米（nm）與絕對溫度（K）表示光的波長。

$$T = \frac{2,898,000}{\lambda_{max}}$$

物體的表面溫度

物體所放出最強光的波長

哪個星體最熱？

分析黃色的「南河三」、藍白色的「天狼星」及紅色的「參宿四」，可以發現光的強度隨著波長而改變。光的波長愈短的藍白色星體，表面溫度愈高；波長愈長的紅色星體，則溫度愈低。

參宿四

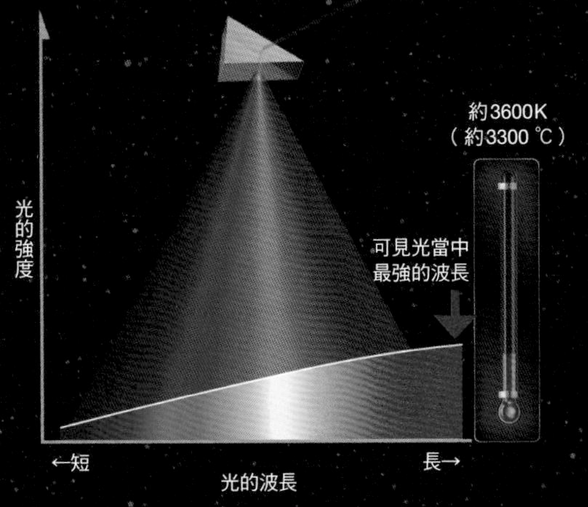

約3600K
（約3300 ℃）

可見光當中
最強的波長

光的強度

維恩位移定律

物體的溫度與其放出最強光的波長成反比。

←短　　光的波長　　長→

能量守恆定律

能量的 總量不變

接 下來將說明能量守恆定律（law of conservation of energy），可說是自然界的基礎。

自然界存在熱能與光能等能量。

能量可以彼此互相轉換。例如太陽能發電是將光能轉換成電能，喇叭則是以電能產生聲音的能量。

能量不會無中生有，也不會憑空消失。舉例來說，地球偶爾會因為板塊運動而發生大地震。這種引起大地變動的原動力並非憑空出現，而是來自地球內部積蓄的龐大熱能。

由此可知，能量即使互相轉換，總量也維持一定，這便稱為「能量守恆定律」。

此外，雲霄飛車（下圖）衝下斜坡時，速度因為重力增加而獲得了動能。雲霄飛車因為位在高處而具備「位能」，衝下斜坡時，位能就轉換成動能。

減少的動能與增加的位能相同，換句話說，動能與位能的總量永遠保持一定稱為「力學能守恆定律」（law of conservation of mechanical energy）。

不過，力學能守恆定律只有在無視摩擦產生的熱能等情況下，才能夠成立。

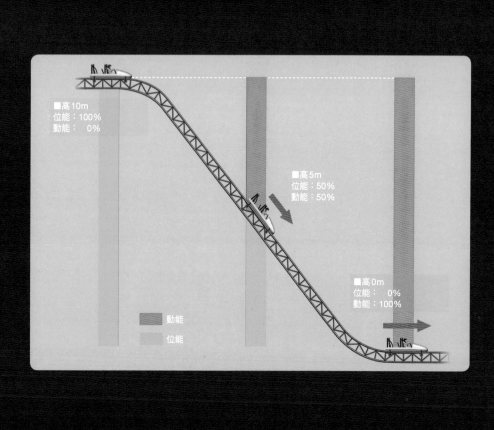

■高10m
位能：100%
動能： 0%

■高5m
位能：50%
動能：50%

■高0m
位能： 0%
動能：100%

動能

位能

定律1　能量守恆定律

即使轉換形式，總能量依然守恆

約46億年前，在宇宙空間中無數個直徑約數公里的微行星（planetesimal），彼此碰撞並結合，地球因而誕生。形成地球的微行星具備「動能」與「位能」，這些能量的一部分轉換成地球內部的熱能，至今也依然存在。微行星含有的鈾238等放射性物質，具備「核能」，也是使地球內部發熱的重要原因。放射性物質的原子核，會自然地釋放輻射線，轉換成質量較小的原子核性質（衰變）。舉例來說，鈾238花了約45億年才終於有一半的量衰變成鉛206。而衰變發生時釋放的輻射線加熱了周圍物質，因此產生熱能。

※現在地球內部的熱能大約只有剛形成時的一半。不過地球的能量有進有出，會得到來自太陽的光能，也會向宇宙釋放熱能，因此地球的能量並不守恆。

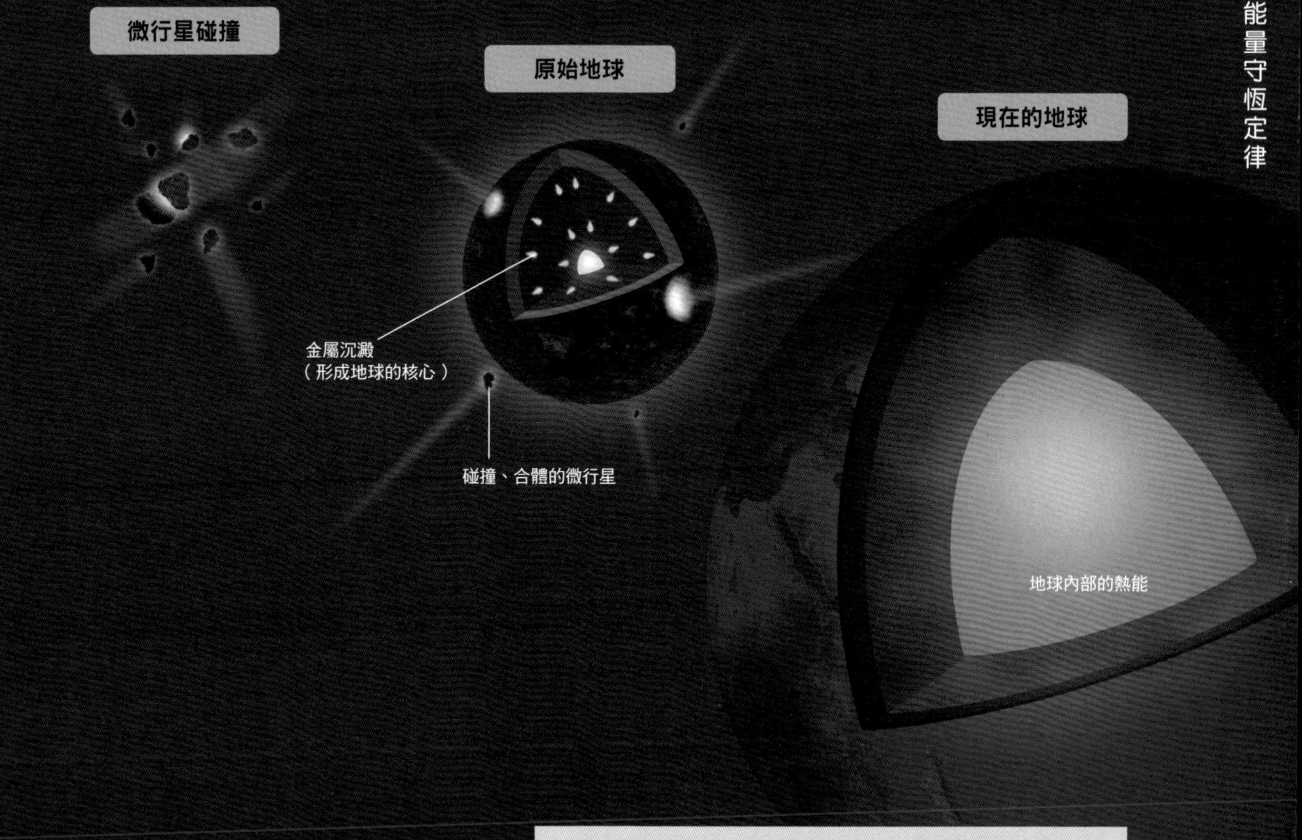

微行星碰撞

原始地球

現在的地球

金屬沉澱
（形成地球的核心）

碰撞、合體的微行星

地球內部的熱能

定律2　力學能守恆定律

位能與動能的總量一定

位能是重力帶來的能量，能以「重力×高度（＝質量×重力加速度×高度）」計算。假設可忽略斜面的摩擦力，根據能量守恆定律，雲霄飛車的動能與位能總量會保持一定。如果斜面的高度相同，不論圖中的斜面形狀，在高度0公尺的地方，速度都相同。

※僅限能忽略摩擦等產生熱能的情況。

能量守恆定律

能量有不同的種類，彼此能互相轉換。但即使轉換形式，能量的總量依然保持一定。

逐漸變成均勻的狀態

熵 是一種表現「均勻」的概念。而「熵增定律」代表「物質的狀態只能朝著均勻的方向變化」。舉例來說，熱騰騰的飲料終究會冷卻，但冷掉的飲料不可能自然變熱，只能朝著溫度均勻的方向，也就是飲料與房間溫度一致的方向變化。

根據熵增定律，物質不太可能變成不均勻的狀態。但恆星與銀河至今依然持續在宇宙的某處誕生。星體在冰冷宇宙誕生的結構，或物質聚集形成銀河的結構，都是溫度與物質不均勻的狀態。難道宇宙能違反大自然的定律嗎？

事實上，在宇宙這個充分寬敞的「箱子」裡，局部不均勻的狀態是可能發生的。但即使如此，也因為所形成的天體發光發熱，將能量散布到宇宙，因此整個宇宙的熵值依然逐漸增加。

熱騰騰的飲料
（用紅色表現熱度）

熵值增加

溫度均勻

稍微變熱的箱子

冷掉的飲料

熵
增
定
律

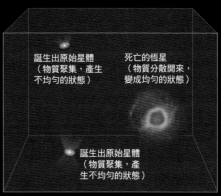

暗黑星雲
（恆星在其內部誕生）

恆星

暗黑星雲
（恆星在其內部誕生）

隨著時間經過，雖然局部
區域的熵值減少，但是整
個宇宙的熵值依然持續的
增加

誕生出原始星體
（物質聚集，產生
不均勻的狀態）

死亡的恆星
（物質分散開來，
變成均勻的狀態）

誕生出原始星體
（物質聚集，產
生不均勻的狀態）

將整個宇宙想像成「箱子」，熵值依然持續增加

現實的宇宙中，物質隨著恆星死亡而平均分布，狀態逐漸變得均勻。但另
一方面，物質也會因為恆星的誕生而變成不均勻的狀態。在宇宙這個充分
寬敞的箱子裡，熵值可能在局部區域中減少。

能量朝著均勻的方向變化

「熵增定律」是德國物理學者克勞修斯（Rudolf Clausius，1822～1888）提
出的概念，此定律原本用來說明蒸汽機關透過熱能獲得動力的效率。後來證明熵
是指物質（原子與分子）的「均勻程度」。後續熵也被用來形容「秩序的程度」、
「容易發生的程度」等，應用在各種學問領域。

熵增定律

$$\Delta S \geq 0$$

S代表熵，Δ則代表熵值變化後，減去變化前
熵值所得到的差。若這個差是正值，代表變化
後的熵值增加了（＝變得均勻）。

光速在任何時候，在任何人的眼裡都相同

即 使運動的物體相同，其速度在不同人（觀測者）的眼裡也會不一樣。

以下圖為例，在以時速100公里往右前進的電車中，以時速100公里往右投球，在電車外靜止的人眼中，球的速度為「電車的速度（時速100公里）」＋「投出的球速（時速100公里）」，等於「往右時速200公里」。

但愛因斯坦卻提出以下想法：真空中的光速看在任何人眼裡都是固定的。換句話說，光速與觀測場所的速度、光源運動的速度無關，永遠「固定是秒速約30萬公里」，稱為「光速不變原理」。

假設如右圖所示，在宇宙空間中靜止的愛麗絲※眼裡，光速以秒速30萬公里的速度前進，太空船則以秒速24萬公里，朝著與光相同的方向前進。根據愛因斯坦的想法，太空船內的鮑伯看見的光速不會變成秒速6萬公里（＝30萬－24萬），依然以秒速30萬公里的速度遠離。

※「靜止」只是與其他事物比較的結果。絕對靜止不可能存在。

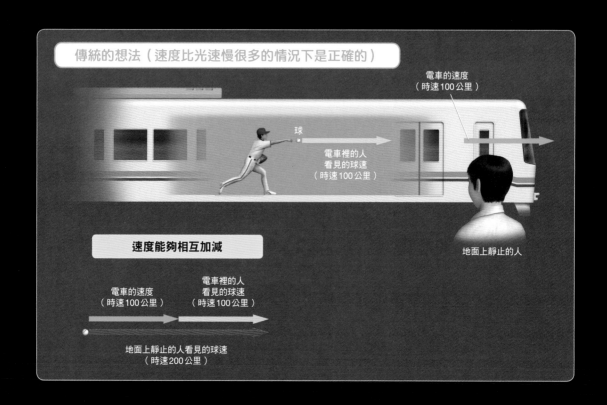

傳統的想法（速度比光速慢很多的情況下是正確的）

球

電車的速度
（時速100公里）

電車裡的人
看見的球速
（時速100公里）

地面上靜止的人

速度能夠相互加減

電車的速度
（時速100公里）

電車裡的人
看見的球速
（時速100公里）

地面上靜止的人看見的球速
（時速200公里）

秒速30萬公里（靜止的愛麗絲看見的光速）

光

太空船上的鮑伯

靜止的
愛麗絲

秒速24萬公里（靜止的愛麗絲看見的太空船速度）

光
速
不
變
原
理

無論是鮑伯還是愛麗絲，
光速看起來都是秒速30萬公里

鮑伯在以秒速24萬公里前進的太空船內看見的
光，秒速會變成6萬公里嗎？事實上並不會。
無論是移動的觀測者，還是靜止的觀測者，光
速看起來都是秒速30萬公里。

秒速6萬公里

光

秒速30萬公里

就算追趕光，
光的速度也不變

一般的加法與減法對於光速並不成立。
無論太空船以任何速度追趕光，光的速
度看起來都不會變，都是秒速30萬
公里。

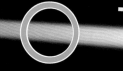

加法、減法對於光速並不成立

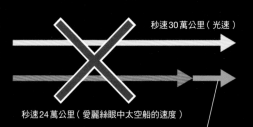

秒速30萬公里（光速）

秒速24萬公里（愛麗絲眼中太空船的速度）

秒速6萬公里（太空船看見的光速）

光速不變原理

在真空中的光速，在所有以等速度運
動的觀測者眼裡，無論觀測者速度為
何，永遠都保持一定。

顯示質量與能量
沒有差別的公式

太陽是氫氣與氦氣的集合體。如果太陽所含的氫氣是因為化學反應而燃燒[※]，這些氫氣只要數萬年就燃燒殆盡了。那太陽為什麼還能夠繼續燃燒呢？

理論物理學家愛因斯坦（Albert Einstein，1879～1955），在1905年奠定了關於時間與空間的「狹義相對論」（special relativity），並根據此理論推導出「$E=mc^2$」。

上面的公式代表「質量與能量能夠彼此互換」。

後來物理學家發現，只要考慮「$E=mc^2$」就能說明為什麼太陽能持續燃燒幾十億年。

太陽的中心進行著4個氫原子融合成1個氦原子的反應。這時氫氣的部分質量消失，轉換成龐大的能量。只要使用核融合反應所產生的能量，太陽就能持續發光發熱100億年。

「$E=mc^2$」不只能說明太陽壽命的定律。在宇宙剛誕生時，也發生與太陽的例子相反，從能量誕生具有質量的物質的反應。因此「$E=mc^2$」也是逼近宇宙起源的定律。

※雖然氦氣無法因為化學反應而燃燒，但氫氣燃燒會爆炸，放出光與熱。

質量與能量的等價性

質量是能量的一部分，被稱為質量能，可以轉換成熱能等其他能量，即「質量與能量的等價性」。只要使用以下公式，就能計算出質量m的物質所具備的能量。

$$E = mc^2$$

能量
[J（焦耳）]

質量
[kg]

光速
約3×10^8 [m/s]

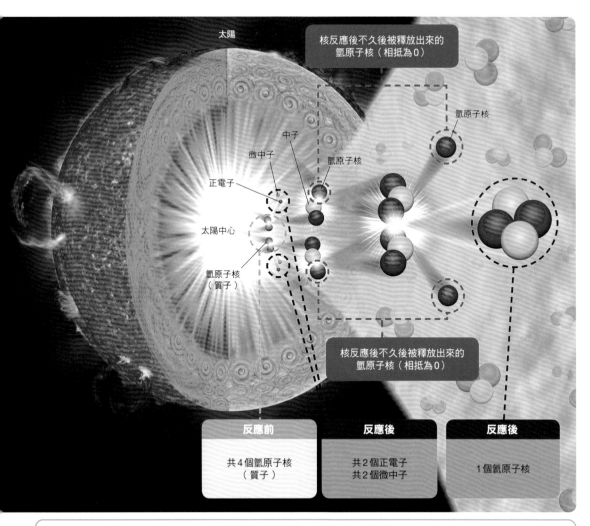

太陽

核反應後不久後被釋放出來的氫原子核（相抵為0）

氫原子核

中子

微中子

氫原子核

正電子

太陽中心

氫原子核（質子）

核反應後不久後被釋放出來的氫原子核（相抵為0）

反應前	反應後	反應後
共4個氫原子核（質子）	共2個正電子 共2個微中子	1個氦原子核

質量變成能量，太陽綻放光芒

太陽主要的能量來自4個氫原子核變成1個氦原子核的核融合反應。插圖中顯示其中一種代表性的反應，此反應前後只減少約0.7%的質量。如此一來，整個太陽每秒減少的質量約4.2×10^9（42億）公斤，經過換算能夠獲得的能量約3.8×10^{26}焦耳。

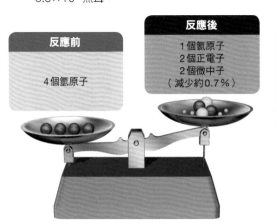

反應前	反應後
4個氫原子	1個氦原子 2個正電子 2個微中子 （減少約0.7％）

$$E = mc^2$$

質量與能量能夠互換（等價）。

太陽周圍的時空發生了扭曲

最接近太陽的行星是水星，水星以橢圓形軌道繞著太陽公轉。事實上，這個橢圓軌道本身也會緩慢地旋轉，水星在軌道上最接近太陽的點（近日點），每100年會偏移約0.16度[※]（下圖）。

為什麼會發生偏移呢？其中的0.15度可以在牛頓力學的範圍內說明，但剩下的0.01度無論如何卻都無法解釋。最後科學家藉由廣義相對論（general relativity）中的「愛因斯坦場方程式」（Einstein field equations），終於得證其偏移每100年剛好約為0.01度。

根據愛因斯坦在1915～1916年完成的廣義相對論，大質量星體旁的時空（時間與空間）會發生扭曲。

在實際的觀測後，也顯示出這點。

1919年的日食日，英國物理學家愛丁頓（Arthur Eddington，1882～1944）等人前往西非與巴西進行觀測，結果發現太陽旁邊的光確實扭曲了（右圖）。這個觀測結果推翻了牛頓的萬有引力定律，證明了廣義相對論的正確性，因此獲得極高的關注。

※為了方便理解，將近日點的偏離換算成「度」。插圖將角度描繪較為誇張。

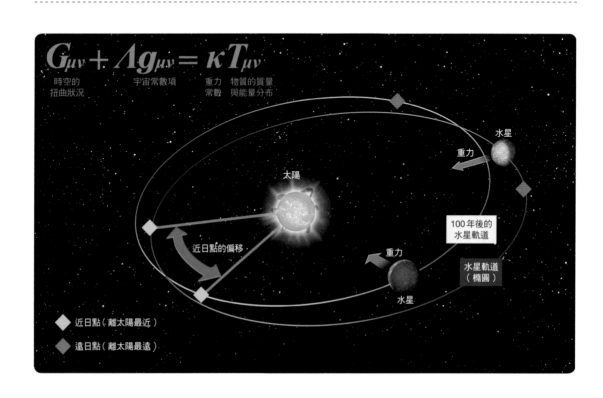

$$G_{\mu\nu} + \Lambda g_{\mu\nu} = \kappa T_{\mu\nu}$$

時空的　　　宇宙常數項　　重力　物質的質量
扭曲狀況　　　　　　　　　常數　與能量分布

水星

重力

太陽

100年後的
水星軌道

近日點的偏移

重力

水星軌道
（橢圓）

水星

◆ 近日點（離太陽最近）

◆ 遠日點（離太陽最遠）

愛因斯坦場方程式

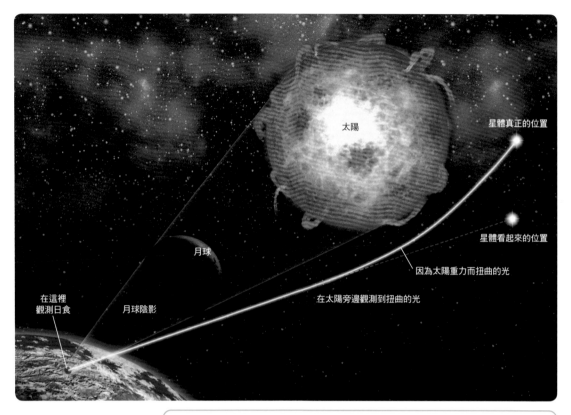

因為重力而扭曲的光

日食是指月球進入太陽與地球之間，遮蔽住太陽光的現象。日食期間因為太陽進入了月亮的陰影，雖然是白天，卻變得像晚上一樣暗，因此得以進行天體觀測。觀測隊看準這個時機，透過觀測顯示太陽後方某顆星體發出的光，在通過太陽附近時發生了扭曲，而扭曲的幅度和廣義相對論的預測相同。

愛因斯坦場方程式

愛因斯坦場方程式是廣義相對論的基礎方程式。只要利用此關係式，就能具體計算物質周圍時空扭曲的程度。舉例來說，科學家觀測到水星近日點的位置緩慢地偏移（左圖），而偏移的幅度約為每100年0.16度。但根據牛頓運動定律，偏移應該只有0.15度。這個0.01度的微小差距，就是太陽造成的時空扭曲。廣義相對論能正確地計算出此微小偏移。

愛因斯坦場方程式
$$G_{\mu\nu}+\Lambda g_{\mu\nu}=kT_{\mu\nu}$$

廣義相對論的基本方程式。重力造成的時空扭曲取決於物質與能量的場。

整個宇宙並非不變，而是持續膨脹

美國天文學家斯里弗（Vesto Melvin Slipher，1875～1969）利用都卜勒效應研究銀河的運動，結果發現，比起接近地球的銀河，遠離地球的銀河數量反而壓倒性地多。

此外，在1929年，美國天文學家哈伯（Edwin Hubble，1889～1953）使用望遠鏡觀測到顛覆歷史的重大發現，愈遠的銀河，遠離的速度愈快。現在這個事實被稱為「哈伯-勒梅特定律[※]」（Hubble–Lemaître law）。

此定律顯示了「宇宙正在膨脹」。

看到右邊的插圖或許會猜想「所有銀河都以銀河系為中心遠離嗎？」但科學家根據長久以來累積的見解，認為「宇宙中沒有特別的地方」。不只銀河系，無論以哪個星系為基準，愈遠的星系，其移動量（速度）都愈大。換句話說，在膨脹的宇宙當中，所有星系都適用哈伯的定律。

※比利時神父兼宇宙論學家勒梅特（Georges Lemaître，1894～1966），在哈伯觀測到這個現象之前，就利用愛因斯坦的廣義相對論在理論上推導出宇宙的膨脹。為了紀念其貢獻，而將此定律稱為「哈伯-勒梅特定律」。

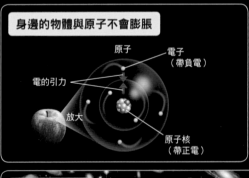

身邊的物體與原子不會膨脹

原子　電子（帶負電）

電的引力

放大

原子核（帶正電）

我們身體為什麼不會膨脹？

宇宙膨脹的效果距離愈遠則愈大，因此除非尺度非常大，否則很難清楚呈現。此外，物體之間如果以某種力強烈結合，彼此之間的距離也不會變大。舉例來說，構成我們身體的原子，其中的電子與原子核，由於電的引力而強力結合著，因此不需要擔心身體會膨脹。

銀河互相遠離

遠離

銀河

銀河

愈遠的星系，遠離的速度愈快

插圖是哈伯觀測結果的示意圖。以軌跡的長度表現出星系移動的速度。距離銀河系愈近的星系，其遠離的速度愈慢；愈遠的銀河，則遠離的速度愈快。下列公式為哈伯－勒梅特定律。

$$v = H_0 \times r$$

銀河遠離的速度　　　　哈伯常數　　　　與銀河的距離

哈伯－勒梅特定律

$$v = H_0 \times r$$

與銀河的距離（r）愈遠，遠離的速度（v）愈快。此比例關係的係數為哈伯常數（H_0）。

SI基本單位

種類	名稱	單位符號
長度	公尺	m
質量	公斤	kg
時間	秒	s
電流	安培	A
熱力學溫度	克耳文	K
物質量	莫耳	mol
光度	燭光	cd

各式各樣的單位制

單位制	內容
國際單位制	1960年國際度量衡總會決議，根據公制單位所組成的單位制。
公制	長度的基本單位為公尺，質量的基本單位為公斤的單位制。
CGS 單位制	長度的基本單位為公分，質量的基本單位為公克，時間的基本單位為秒的單位制。
英制	長度的基本單位為碼，質量的基本單位為磅，時間的基本單位為秒的單位制。
MKSA 單位制	長度的基本單位為公尺，質量的基本單位為公斤，時間的基本單位為秒的單位制，再加上電流基本單位（安培）的單位制。

尺貫法、英制、CGS單位制等單位

長度單位

單位	換算成國際單位
寸	1寸＝0.1尺≒0.03030m（＝3.030cm）
尺	1尺＝$\frac{10}{33}$m≒0.30303m（＝30.303cm）
間	1間＝6尺≒1.81818m
丈	1丈＝10尺≒3.0303m
町	1町＝60間≒109.09091m
里	1里＝36町≒3927.27273m（＝3.92727273km）
英寸	1in＝0.0254m（＝2.54cm）
英尺	1ft＝12in＝0.3048m（＝30.48cm）
碼	1yd＝3ft＝0.9144m（＝91.44cm）
英里	1mi＝1760yd＝1609.344m（＝1.609344km）

容積單位

單位	換算成國際單位
勺	1勺＝0.1合≒0.000018039m^3（≒18.039cm^3，0.018039L）
合	1合＝0.1升≒0.00018039m^3（≒180.39cm^3，0.18039L）
升	1升＝$\frac{2401}{1331}$L≒0.00180391m^3（≒1803.91cm^3，1.8039L）
斗	1斗＝10升≒0.01803907m^3（≒18039.07cm^3，18.039L）
石	1石＝10斗≒0.18039068m^3（≒180.39L）
加侖	1gal＝0.003785412m^3（＝3785.412cm^3，3.785412L）
桶	1barrel＝0.1589873m^3（＝158.9873L）
立方公分	1cc＝0.000001m^3（＝1cm^3，0.001L）
公升	1L＝0.001m^3（1000cm^3）

面積單位

單位	換算成國際單位
坪（步）	1坪＝6尺平方＝（6尺）^{2}＝$\frac{400}{121}$$m^2$≒3.305785$m^2$
畝	1畝＝30坪≒99.17355m^2
段	1段＝10畝≒991.7355m^2
町	1町＝10段≒9917.355m^2
疊	1疊＝176cm×88cm
公畝	1a＝100m^2 1ha＝100a＝10000m^2
英畝	1ac＝4840yd^2≒4046.856m^2

質量單位

單位	換算成國際單位
貫	1貫＝3.75kg
斤	1斤＝0.6kg（600g）
文目	1勻＝0.00375kg（3.75g）
磅	1lb＝0.45359237kg（453.59237g）
盎司	1oz＝$\frac{1}{16}$lb≒0.02834952kg（28.34952g）
噸	1t＝1000kg

　　尺貫法　　　　英制　　　　其他

凡德瓦

為荷蘭物理學家。從事初中、高中教師工作的同時，也在萊登大學學習物理學，後來成為阿姆斯特丹大學的教授。1873年提出凡得瓦方程式，1910年獲頒諾貝爾物理學獎。

公制法

全球的經濟活動在18世紀急速擴大，但物品的單位依然隨著國家與地方而異，於是發生混亂。因此法國改革派主教塔列朗（Talleyrand-Périgord）提議統一單位，建立了公制法的單位系統（塔列朗不久之後成為政治家）。單位名稱「公尺」（meter），來自古希臘語的「metron」，意思為測量。公尺的基準根據子午線的長度計算而出，由天文學家德蘭伯與梅尚進行測量。據說當時的測量結果與現代相比只有約0.02%的誤差。但公尺的定義之後卻遲遲沒有普及，70多年後的1875年，公尺條約才在17個國家間簽訂。

尺貫法

日本長久以來使用的固有單位制，是由中國傳入。其長度的單位是尺、質量是貫、面積是步、體積是升。關於質量方面，中國的度量衡使用的單位是斤，貫則是日本自己的單位。

牛頓

為英國的數學家、物理學家、天文學家。他出生於林肯郡的農家，後來進入劍橋大學三一學院就讀，但在1665年因黑死病流行而暫時休學，回老家住2年。據說他在休養的時間裡，看到了老家的蘋果從樹上掉落而想出了萬有引力定律。不久之後，牛頓稱這段期間為「創造性休假」。因為他在這2年時間不僅想出了萬有引力與運動定律，也發想、構思了微積分，以及光與色的理論。他在1727年去世，享壽84歲。

司乃耳

為荷蘭的天文學家兼數學家。他在1621年提出說明光折射現象的「司乃耳定律」。

白努利

為瑞士數學家、物理學家。在3兄弟中排行第2，與同樣成為數學家、物理學家的弟弟約翰，一起為微積分學的發展帶來貢獻。著作有《流體力學》等。

托里切利

為義大利物理學家。當時他將管中的空氣抽光，藉此汲取井水的幫浦。當時普遍認為「大自然討厭真空狀態」，所以將空氣抽光後，管子為了排除真空狀態而將水吸上來。但是另一方面透過經驗得知，如果深度達到約10公尺以上，水會由於不知名的原因而無法吸上來。托里切利為了解開此問題而進行實驗。實驗將一端封閉的玻璃管裝滿水銀，使其站立在容器中，在玻璃管的上方創造真空。這個實驗不僅證明了真空的存在，也證明玻璃管內的水銀與大氣的重量會呈現抵銷狀態。

伽利略

為義大利天文學家，比薩貴族出身。在比薩大學學習醫學時，發現了單擺的等時性。後來在比薩大學與帕多瓦大學任教。他證明了慣性定律、自由落體的加速度一定，以及彈道呈拋物線等，並在1609年使用自製望遠鏡（伽利略望遠鏡）發現太陽黑子。提倡地動說，因此在1633年被告上宗教法庭，只好在庭上宣誓揚棄地動說。

克耳文

熱力學溫度（絕對溫度）的單位。名稱來自英國物理學家克耳文男爵湯木生（William Thomson）。他於1851年將熱力學第二定律公式化，另外還有諸多發現。並於1892年躋身貴族之列，成為克耳文男爵。

法拉第

為英國化學家、物理學家。出生於倫敦郊外，是鐵匠的兒子。1805年成為裝幀師的徒弟，並於工作的空檔閱讀自己有興趣的科學書籍，自己組裝實驗裝置。後來被化學家戴維發掘，以化學助手的身分學習實驗手法，提出許多理論。1831年發現了電磁感應定律。

波以耳

為愛爾蘭的自然哲學家、化學家、物理學家。他身為貴族子弟，自費建造實驗室，終生致力於實驗。他與學生虎克一起改良真空幫浦，研究空氣對聲音傳播的幫助等，在1662年發表了「波以耳定律」。

前格林威治天文台

前格林威治天文台是由英國國王查爾斯2世在大航海時代的1675年，於倫敦郊外的格林威治設立的天文台。通過這座天文台的子午線是地球經度的基準，被稱為「本初子午線」。20世紀後，格林威治天文台搬遷，因此稱原本的天文台為前格林威治天文台。

哈伯-勒梅特定律

過去認為，最早呈現宇宙膨脹的重要觀測證據的是美國天文學家哈伯，因此該定律長久以來被稱為「哈伯定律」。但另一方面，比利時的天主教神父，同時也是宇宙物理學家的勒梅特，卻早在1927年，也就是哈伯發表論文的2年前，透過解愛因斯坦的廣義相對論方程式導出了宇宙正在膨脹，且銀河後退的速度與距離成正比（勒梅特解）。此外，他還根據當時的觀測數據，求出宇宙膨脹率的哈伯常數。但因為他的論文以法語寫成，加上發表的期刊並不知名，因此幾乎沒有研究者知道這篇論文。雖然隨後在1931年翻譯成英文，刊登於英國皇家天文學會的學術期刊，但處理觀測數據求出哈伯常數的部分卻被刪除了。2011年，研究者將這件事情當成議題，調查刪除的始末。原來是勒梅特將論文翻譯成

英文時，認為「既然哈伯已經在1929年出版了哈伯常數的論文，就不需要再刊登自己的觀測結果」，因此主動將此部分刪除。國際天文學聯合會執行委員會為了紀念勒梅特最早發現宇宙膨脹的貢獻，決定將該定律改稱「哈伯－勒梅特定律」。

查爾斯

查爾斯是法國的發明家兼物理學家，熱氣球駕駛者。繼1783年蒙哥菲亞兄弟的熱氣球有人飛行之後，他也成功地駕駛了氫氣熱氣球。1787年發現了氣體膨脹的「查爾斯定律」。

英制法

也稱為碼磅法或尺磅法。英制法主要使用於英國與美國，是現在依然使用的單位系統。長度的單位是碼、質量是磅、體積是加侖、溫度是華氏。繼承了古埃及、古羅馬使用的單位。

計量法

計量法是日本的法律。以「制定計量的標準，確保實施正確且適當的計量，藉此為經濟發展及文化提升帶來貢獻」為目的，在1951年制定的法律。在1992年修訂，1993年實施。

狹義相對論

愛因斯坦在1905年發表的理論。「相對論」是說明時間、長度與速度等的測量，會隨著人的所在位置而改變的理論。「狹義」是指只有在不受重力影響等特殊狀況下成立。愛因斯坦隨後將狹義相對論發展成在所有狀況下都能適用的廣義相對論，為現代物理學開拓了新的世界。

國際度量衡委員會

因1875年締結《公尺條約》所設立的機關。每4年召開一次「國際度量衡總會」，並且根據總會的決定事項，監督度量衡的相關研究與事業等。

惠更斯

為荷蘭數學家、物理學家、天文學家。出生於世代擔任高官的貴族之家，原本進入萊登大學修習法律與數學，但在1650年左右開始投入科學研究。他應用伽利略發現的單擺特性，開發出高精密度的計時鐘擺，後來也發表了關於「雙曲線、橢圓、圓的求積相關定理」等各種理論。此外，他也致力於改良望遠鏡，並發現土星環與衛星。

普朗克常數

量子論的基本常數之一，顯示光子能量與振動數的關係，名稱來自德國物理學家普朗克（Max Planck，1858～1947），普朗克活躍的19世紀末，製鐵業盛行，為了製造高品質的鐵，必須正確測量熔礦爐中的溫度。但測量時無法直接將溫度計放入熔礦爐內，因此得透過高溫物體綻放的光色（波長）推測溫度。舉例來說，如果透過爐子小窗看見的光色（腔體輻射、黑體輻射）是紅色，溫度大約是600℃；如果是黃色，大約是1000℃；白色則有1300℃以上。普朗克就在這樣的情況下，推導出關於高溫物體發光規律的普朗克公式，而普朗克常數就包含在這個公式裡。後來的愛因斯坦與德布羅伊等人以此發現為基礎解釋光的性質。

華氏溫度（華氏溫標）

德國物理學家華倫海特提出的溫度單位。他將冰與食鹽的混和物訂定為0度，人類的體溫為96度。中國將其名字翻譯成華倫海，因此單位寫成「華氏」。

愛因斯坦

愛因斯坦是出生於德國的理論物理學家。父母是經營小型工廠的猶太人，1933年從納粹統治下的德國逃往美國。發表光量子理論、狹義相對論、布朗運動理論等重大物理理論。在1921年獲頒諾貝爾物理學獎。

蒸汽機

使用水蒸氣將熱能轉變為機械能的原動機。17世紀末期，英國發明家塞維利（Thomas Savery）開發出將採礦時湧出的水汲取上來的「揚水機」。1712年，另一位英國發明家紐維門（Thomas Newcomen）製作出使用蒸氣推動活塞的「紐維門蒸汽機」。後來蘇格蘭出身的發明家瓦特進一步改良這些機器，發明了使用蒸氣壓力推動活塞的「蒸汽機」。當蒸汽機也作為工業用的動力源使用後，甚至作為蒸汽火車用在交通運輸，成為工業革命的重要推手。

攝氏溫度（攝氏溫標）

瑞典物理學家攝爾修斯提出的溫度單位。他將水的沸點設為0度，冰的溶點設為100度，但此溫標的刻度在他去世後完全相反，變成現在的形式。

▼ 索引

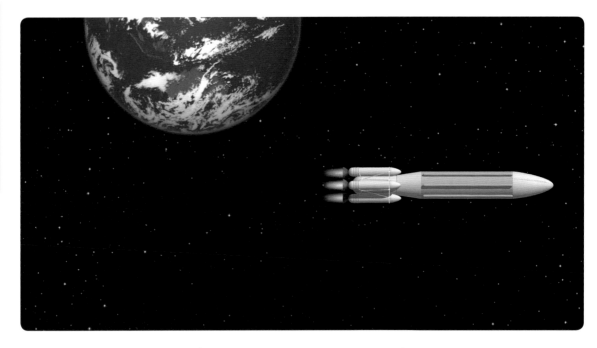

Staff

Editorial Management	木村直之	Cover Design	小笠原真一，北村優奈（株式会社ロッケン）
Editorial Staff	中村真哉，矢野亜希	Design Format	小笠原真一（株式会社ロッケン）
		DTP Operation	阿万 愛

Photograph

Illustration

Galileo科學大圖鑑系列 17

VISUAL BOOK OF UNITS & LAWS

單位與定律大圖鑑

作者／日本Newton Press

特約編輯／謝育哲

翻譯／林詠純

編輯／林庭安

發行人／周元白

出版者／人人出版股份有限公司

地址／231028新北市新店區寶橋路235巷6弄6號7樓

電話／(02)2918-3366（代表號）

傳真／(02)2914-0000

網址／www.jjp.com.tw

郵政劃撥帳號／16402311人人出版股份有限公司

製版印刷／長城製版印刷股份有限公司

電話／(02)2918-3366（代表號）

香港經銷商／一代匯集

電話／(852)2783-8102

第一版第一刷／2023年4月

定價／新台幣630元

港幣210元

國家圖書館出版品預行編目資料

單位與定律大圖鑑/Visual book of units & laws/
日本 Newton Press 作：
林詠純翻譯. -- 第一版. -- 新北市：
人人出版股份有限公司, 2023.04
面；　公分. -- (Galileo 科學大圖鑑系列)
(Galileo 科學大圖鑑系列；17)
ISBN 978-986-461-328-1（平裝）

1.CST：度量衡　2.CST：通俗作品

331.8　　　　　　　　　　112003331

NEWTON DAIZUKAN SERIES TANI TO
HOSOKU DAIZUKAN
© 2022 by Newton Press Inc.
Chinese translation rights in complex characters
arranged with Newton Press
through Japan UNI Agency, Inc., Tokyo
www.newtonpress.co.jp